Philip Anochie

Um guia passo a passo para uma avicultura rentável

Philip Anochie

Um guia passo a passo para uma avicultura rentável

Um guia inestimável para os agricultores no negócio da avicultura

ScienciaScripts

Imprint

Cover image: www.ingimage.com

This book is a translation from the original published under ISBN 978-620-2-19688-8.

Publisher:
Sciencia Scripts
is a trademark of
Dodo Books Indian Ocean Ltd. and OmniScriptum S.R.L publishing group

120 High Road, East Finchley, London, N2 9ED, United Kingdom
Str. Armeneasca 28/1, office 1, Chisinau MD-2012, Republic of Moldova, Europe
Printed at: see last page
ISBN: 978-620-8-03092-6

ÍNDICE DE CONTEÚDOS

NOTA PARA O LEITOR

Prestamos este serviço em benefício da humanidade, dos nossos semelhantes e da sociedade. O nosso serviço de publicações dividiu este relatório em 18 capítulos de 3 partes.

Este manual fornece todas as informações necessárias para o arranque da atividade avícola. Sugerimos que leia este manual com atenção, tome algumas notas e depois volte a lê-lo para uma compreensão completa do negócio. Muitos dos factos nele contidos não serão apenas informativos, mas também surpreendentes.

Foi neste manual que investimos o nosso tempo e esforço e é também neste manual que está a pagar.

Este manual é um manual padrão que preparámos para sua conveniência. Foi concebido para poupar o seu tempo e contém as principais instruções que qualquer avicultor deve conhecer antes de abrir uma empresa avícola.

Este manual de operações avícolas mostrar-lhe-á não só o que fazer, mas também como o fazer.

Se aprender e aplicar as técnicas simples e básicas de criação de aves reveladas aqui, terá dominado o segredo do sucesso verdadeiro e duradouro no negócio da avicultura.

Os editores

INSTITUTO PHILIP NELSON DE INVESTIGAÇÃO AGRÍCOLA.

APN instituto philip nelson de investigação agrícola

Telefone: +234816582414, +2348140624643

Correio eletrónico: philipnelsoninstitute@yahoo.com

UM GUIA PASSO A PASSO PARA UM NEGÓCIO RENTÁVEL DE CRIAÇÃO DE AVES DE CAPOEIRA PARA CONSUMO LOCAL E EXPORTAÇÃO.

Olá,

O meu nome é Philip Anochie. Sou o Presidente e Diretor Executivo do Philip Nelson Institute of Agricultural Research - o seu parceiro na agricultura e pecuária. Estamos a fazer avançar a agricultura através da investigação, da análise de políticas e da educação.

Estou aqui para vos apresentar um manual de formação internacional sobre avicultura intitulado: "Um guia passo a passo para uma avicultura rentável para consumo local e exportação".

Este manual de formação completo sobre a atividade avícola é uma formação essencial para o arranque de uma atividade avícola.

É também um guia inestimável para avicultores comerciais que já se dedicam à produção de ovos de galinha e a outros aspectos da avicultura, uma vez que revela os segredos bem guardados de avicultores comerciais bem sucedidos e exportadores de produtos avícolas em todo o mundo.

Este manual de formação sobre avicultura está organizado em 18 módulos sobre avicultura, que consistem em procedimentos diários e semanais, passo a passo, utilizados nas operações de avicultura para alcançar o maior potencial de lucro e também fontes de empréstimos para financiar o seu negócio de avicultura.

SEGREDOS BEM GUARDADOS REVELADOS

No excitante mundo da avicultura, existem alguns segredos técnicos bem guardados utilizados pelos profissionais mais antigos, todos baseados em princípios científicos sólidos.

Se procura um negócio fácil de gerir e com um mínimo de problemas, a atividade avícola pode ser ideal para si.

O resultado da nossa vasta investigação e experiência neste sector está agora disponível. Na realidade, trata-se de uma

Vários avicultores bem sucedidos foram entrevistados e questionados exaustivamente pelo nosso instituto, a fim de fornecer uma composição para as muitas operações comprovadas e lucrativas, para descobrir quaisquer razões ocultas pelas quais eles foram mais bem sucedidos do que a grande maioria.

Revelamos todos os seus segredos no que é possivelmente um sector pouco conhecido mas muito lucrativo. Esta é a sua oportunidade de conhecer a verdade real sobre este negócio excitante.

Se procura um negócio a tempo parcial, à prova de recessão, que possa gerir e manter o seu emprego, o negócio de avicultura é ideal para si.

Obrigado pelo vosso apoio.

INTRODUÇÃO E INFORMAÇÕES GERAIS

Este livro contém informações sobre o maneio das aves de capoeira, que inclui a preparação da cama, a produção de ovos, os cuidados a ter com os pintos de um dia, a incubação, a criação, o programa de luz, o período de postura, a criação de 1000 pintos ou mais ovos, como conservar os ovos e poupar dinheiro, a produção comercial de frangos de carne, a composição dos alimentos, os cuidados diários de rotina, a criação de galos grandes para obter lucros e as doenças comuns das aves de capoeira.

Contém igualmente informações sobre os medicamentos e as vacinas estabelecidos para as aves de capoeira, o consumo de alimentos, a utilização hábil da luz artificial, o planeamento para obter mais lucros durante todo o ano, a produção durante todo o ano, a aplicação de vacinas para as aves de capoeira e um modelo de plano de negócios para a avicultura. No final desta formação, tornar-se-á um avicultor profissional completo.

- Philip Anochie.

PRIMEIRA PARTE: PRODUÇÃO AVÍCOLA RENTÁVEL

CHAPTER 1: A LETRA

Quando se começa a criar aves de capoeira, o conhecimento da cama vem em primeiro lugar. Vários materiais são adequados para a cama profunda, mas alguns são mais adequados do que outros. As principais caraterísticas de uma cama são que deve ser absorvente e o mais isenta possível de pó. Os seguintes materiais são utilizados isoladamente ou em combinação com outros: turfa, palha, palha de palha, palha cortada, aparas, pó de serra e lã.

l. AVEIA -MOSSA: É muito poeirenta e, como tal, não é recomendada para os trópicos. É muito absorvente e de longa duração. Por ser poeirento, o interior da casa tende a ficar coberto de uma fina poeira castanha. É escuro e não reflecte a luz. Deve-se utilizar sempre um musgo de turfa de boa qualidade, com o mínimo de pó possível.

m. PÓ DE SERRA: É muito utilizado devido à sua qualidade e beleza. É menos poeirento do que a turfa e quase igualmente absorvente. Embora seja uma excelente cama absorvente, não é recomendada para o norte dos países da África Ocidental. A turfa decompõe-se facilmente em grânulos, criando um pó esbranquiçado nas paredes. As aves de capoeira inalam a poeira que cria congestão no peito, levando a bronquite aviária.

n. PALHA E PALHA CORTADA: A palha inteira pode formar esteiras. A cama torna-se húmida e desagradável se for utilizada como matéria-prima. A palha de trigo é um pouco melhor do que a palha de aveia. A palha cortada pode constituir uma cama útil. O comprimento não deve ser superior a (uma polegada e meia) 4 centímetros.

o. APARAS: As aparas de madeira são muito boas e altamente recomendadas. São mais leves do que a turfa ou o pó de serra. Não têm tanta tendência para se acolchoarem. A sua capacidade de absorção é boa. Não sopram facilmente. São fáceis e baratas de obter. Podem ser facilmente removidos e substituídos. (Muitas pessoas chamam-lhe pó de serra, mas não é).

s. CHAFF: É demasiado leve para ser confortável para as aves. Espalha-se por todo o lado. É demasiado absorvente e não é um material verdadeiramente adequado. A lã, as aparas e o casco de aveia são todos iguais e não são bons.

t. COMBINAÇÃO: As seguintes combinações podem ser utilizadas como uma cama profunda de base satisfatória;

i. Aparas e pó de serra em quantidades iguais - pó de serra como base.

ii. Aparas e musgo de turfa: 50- 50 . Utilizar a turfa como base.

iii. Aparas e palha cortada: Aparas como base e pó de serra.

iv. A combinação intermédia (60,15,25).

Existem várias outras combinações. Não nos devemos esquecer de utilizar areia quando não se dispõe de aparas ou de nenhuma das anteriores.

u. De longe, o método mais simples de iniciar a cama é colocar imediatamente aparas de madeira a uma profundidade de 15 cm. É a chamada cama profunda.

v. Existe ainda um outro método, em que se começa com apenas 5 cm de cama (duas polegadas), acrescentando-lhe a intervalos regulares (digamos 2 semanas) à medida que as gotas se acumulam até a profundidade atingir 15 cm para os pintos e 23 cm para as frangas (6 in-8in).

w. A outra prática consiste em mudar a cama a intervalos regulares. Nas escolas e colégios, onde a exploração avícola pode estar mais próxima das habitações, a cama deve ser substituída todas as semanas. Desta forma evitar-se-ão odores e maus cheiros nas casas, o que desagrada aos residentes. Este sistema é recomendado apenas para as galinhas poedeiras.

x. No galinheiro de criação, a cama é mudada quando as aves saem do galinheiro, mas a cama deve estar seca.

y. Se o galinheiro estiver longe de povoações humanas, a cama pode ser deixada a acumular-se durante cerca de seis meses.

z. Nas garagens e nos quintais, os compartimentos devem ser limpos todas as semanas para as aves poedeiras. Os excrementos contêm amoníaco que as pessoas não gostam de cheirar. O amoníaco é perigoso para a saúde. Por isso, é preciso limpar com mais frequência. O amoníaco pode matar crianças e mesmo adultos. Os dejectos atraem moscas para as casas vizinhas.

aa. Nem todas as pessoas se interessam por aves de capoeira e poucas gostam do cheiro que se liberta do seu quintal. O cheiro afecta os vizinhos. Por isso, mantenha-o arrumado.

CHAPTER 2: PRODUÇÃO DE OVOS - A MÁQUINA DE FAZER DINHEIRO

Há muitas pessoas neste país que não gostam de aves de capoeira como negócio. Para essas pessoas, dou alguns exemplos abaixo:

Exemplo 1: Um colega meu tem um amigo professor que cria 60 poedeiras. Estas 60 poedeiras produzem 50 ovos por dia - 350 ovos por semana, em média. 350 ovos são 29 dúzias a $2 por dúzia = $58 por semana, $232 por mês. Ele alimentava as galinhas com milho e migalhas de pão e erva ao ar livre.

Exemplo 2: Um professor criou 600 poedeiras em duas garagens na residência da sua escola. Perdeu 10 por cento das aves. Assim, sobreviveram 540. Destas, 455 põem constantemente bons ovos. Numa semana, puseram aproximadamente 3.185 ovos. Estes 3.185 ovos são 265 dúzias. Foram vendidos a 2 dólares por dúzia = 530 dólares por semana. As 540 poedeiras comeram $5X 2X 7= $70 por semana. O custo da eletricidade foi de 2 dólares por semana. Assim, as despesas totais foram de 72 dólares por semana (alimentação e eletricidade). O lucro é a soma das vendas e dos custos. O lucro foi de $530-$72 =$458 por semana Durante um mês, o lucro foi de $458 x 4 semanas= $1,832.00.

O custo da mão de obra, da ração e da eletricidade foi de $290 por mês. O lucro líquido foi de $1.542 por mês = $15.420 por ano. Mais tarde vendeu as 540 aves a 4 dólares cada uma = 2.160 dólares. A soma total de $15.420 +$2.160=$17.580 foi obtida num ano. Isto é, se os ovos fossem vendidos a 2$ por dúzia. Pode utilizar este formato e fazer os seus próprios cálculos, utilizando o preço atual do ovo por dúzia. Trata-se, de facto, de um passatempo muito rentável, se tivermos em conta que o professor trabalha a tempo inteiro, com um salário de 4.800 dólares por ano. Isto dá-lhe 400 dólares por mês em comparação com o seu passatempo com as galinhas que lhe dá 1.832 dólares por mês. Este trabalho é efectuado por um trabalhador durante um ano (10 meses) de postura contínua das aves, o lucro foi (não a alimentação das galinhas) de $1.832 x 10= $18.320 brutos por ano. Lucro líquido= 15.420 dólares. Este professor que usa os meus conselhos ganha isto para si próprio. Nenhum outro passatempo é melhor do que a criação de aves. Concorda com ele. Não concorda?

Exemplo 3: Um homem endividou-se fortemente. Tinha dois anos para pagar 250.000 dólares, mas não tinha meios para o fazer. Alguém falou-me dele. Quando lhe escrevi a pedir ajuda a um preço fixo, ele aceitou, mas com relutância. Este foi o resultado dos nossos planos. Começou com 1 500 poedeiras. Cada uma põe 900 ovos = 6 300 ovos, o que corresponde a 525 dúzias. Estas 525 dúzias foram vendidas a $200 por dúzia = $10.500 por semana. O lucro total do primeiro ano foi de $42.000 x 10= $420.000. As despesas a deduzir foram as seguintes Custos de alimentação= $100.800 por ano, Medicamentos= $10.000 por ano, Trabalhador e motorista= $24.000 por ano. O total das despesas foi, portanto, de $134.800 por ano, o que, deduzido do rendimento de $420.000, lhe deixou um lucro líquido de $285.200 no primeiro ano. Vendeu as suas aves a $40 cada uma, o que lhe deu $60.000 de dinheiro extra. O lucro líquido total é de $385.200. Este homem nunca colocou a sua alma no negócio das aves até agora.

Exemplo 4: Um conferencista que conheci por acaso, ficou fascinado com os factos e números deste manual, então em forma de manuscrito. Ele alugou quatro garagens a 500 dólares cada uma por ano. Trouxe 100 pintos de um dia a 690 cêntimos cada = 6.900 dólares. No final do ano, o seu lucro foi de $35.480. As despesas deduzidas foram: custo dos pintos do dia= $690, custo das garagens=$500, custo da ração=$2.500. O total das despesas foi de 3.690 dólares. O lucro líquido foi de $35.480 - $3.690, excluindo $4.000 de vendas de 800 poedeiras. A soma total foi de $35.790. Haverá algum negócio que supere o negócio das aves? Duvido muito.

NOTA: Este professor ainda estava a dar aulas quando ganhou o seu jackpot. Ele planeava deixar o serviço, mas eu aconselhei-o a não o fazer até ter criado uma exploração avícola adequada. Inicialmente, ele poderia ter-se saído melhor se tivesse comprado os pintos do dia subsidiados localmente.

NOTA:

1. A ração para aves de capoeira foi subsidiada a 50 dólares por 25 kg.

2. Ele pediu-me para planear a sua expansão gradual. Construímos estes edifícios com um custo total de 18.000 dólares. O primeiro galpão abrigava 100 poedeiras, o segundo galpão abrigava os pintinhos de um dia até que estivessem prestes a botar ovos, e o último abrigava 2.000 frangos de corte. Os frangos de carne são comercializados três vezes por ano, com 14 semanas de idade. Isto dá um total de 6000 frangos vendidos por ano.

3. Vendeu 6.000 frangos de carne a $40 cada= $24.000 vendas das 100 poedeiras a $50 por ave =$50.000 mais $3.800 vendas de ovos. Rendimento total das vendas = $67.000. Deduções: Custos de construção=$18.000, trabalhador, medicamentos e rações=$6000 . Lucro líquido do ano= $43.000.

Recordo-vos mais uma vez que não há negócio como o da avicultura. Só têm de aceitar este manual e segui-lo à letra. Evite conversas e discussões e deixe que os factos o guiem na sua situação atual. Os exemplos são apenas alguns dos muitos outros que podem ser citados, mas não quero aborrecê-lo com números. A produção de ovos é, de facto, uma máquina de fazer dinheiro.

NOTA: Lembre-se: "A maioria das pessoas que estão ocupadas a ganhar a vida não ganham dinheiro" Joe Karbo; Lazy man's way to riches.

CHAPTER 3: **CUIDAR DOS PINTOS DE UM DIA.**

Algumas pessoas podem gostar de ter incubadoras simples para praticar. O funcionamento das incubadoras é diferente. Uma coisa é certa: embora os ovos devam estar na incubadora durante 3 semanas, devem ser virados de vez em quando.

Os dois primeiros dias após a incubação são muito importantes para a vida dos pintos. Após a incubação e na sala de incubação, os pintos de um dia devem estar completamente ao abrigo da luz. Devem ser mantidos num quarto escuro ou em gaiolas, permitindo a entrada de ar fresco suficiente no recinto. Nos dois primeiros dias após a incubação, não deve ser-lhes dado qualquer tipo de alimento. Não é necessária qualquer luz artificial durante as primeiras 48 horas e não lhes deve ser dada água nas primeiras 24 horas.

TRATAMENTO: Vacinar contra as doenças de Newcastle, a bronquite das galinhas e a pneumonia das criadeiras utilizando vacinas vivas ou mortas. Colocar uma gota da vacina nos olhos dos pintos de um dia. Isto deve ser feito imediatamente após o nascimento (ver figura 6, quadro 7).

PREPARAÇÃO PARA OS RECEBER: Após o primeiro dia, os pintos do dia são enviados para a quinta ou entregues a si, o criador.

1. Prepare o galinheiro para a chegada dos pintos. Desinfecte-o pelo menos 24 horas antes da chegada dos pintos e aumente a temperatura do galinheiro para 95F.

2. A temperatura é aumentada fechando todas as janelas e portas do galinheiro e deixando a luz acesa durante 24 horas.

3. Espalhe aparas de madeira, areia, feno ou lascas de madeira seca no chão da casa.

4. Proporcione 15 cm2 (6 polegadas) de espaço por ave. Para calcular este valor, meça o comprimento e a altura do galinheiro e multiplique os valores obtidos. Em seguida, multiplique novamente o produto por 2.

(É preferível medir em pés). O novo produto é o número de pintos do dia necessários nesse galinheiro. Por exemplo, um edifício (60ftx 30ft)=(180sq.ft). Obtém-se assim um número de 3600 pintos do dia necessários para encher essa sala.

5. O espaço para beber é de (3 pés), com intervalos de 90 cm, dez bebedouros de 5 litros, 1 galão (tamanho de 5 litros) são suficientes para cada 1.000 pintos desde o dia de idade até às 2 semanas.

6. Com um dia de idade, são necessários (1 galão) 5 litros de água para cada 100 pintos e o espaço para beber (3 pés, 90cm) é o ideal em qualquer sala situada.

7. A água de beber é preparada pelo menos um dia (24 horas) antes de os pintos entrarem no galinheiro.

CHAPTER 4: **CRIAÇÃO; DIAS 1-5; A PRIMEIRA SEMANA DE VIDA DO PINTO; DIA 1: A HISTÓRIA DO PINTO DE UM DIA**

Os seus pintos de um dia chegam hoje à quinta. Antes de os comprar, informe-se sobre o seu historial e não se esqueça de saber o seguinte

a. A capacidade da galinha mãe de pôr mais de 200 ovos.

b. A capacidade de pôr ovos grandes.

c. A capacidade de se deitar continuamente - persistência, como lhe chamam.

d. A capacidade de produzir uma casca de ovo forte.

e. Resistência a doenças menores, como o frio e o calor.

f. A capacidade de comer menos ração em proporção aos ovos produzidos.

Fazer o seguinte:

1. Quando elas chegarem, coloque jornal em cima das aparas de madeira, areia ou lascas de madeira no chão do galinheiro.

2. Deitar os pintos do dia no papel. Não seja brando com eles, pois este procedimento ajuda a eliminar os mais fracos mais tarde.

3. Fornecer água suficiente em bebedouros devidamente fechados para evitar que se afoguem.

4. Nesta fase, os pintos têm 23 horas de luz: 12 horas de dia e 11 horas de luz artificial.

5. Atualmente, são necessários 5 litros de água para cada 100 pintos.

6. A água deve estar sempre disponível a uma distância de 90 cm das aves.

7. Para a iluminação, utilize lâmpadas de 60 watts fixadas no teto a intervalos de 30 cm em toda a casa.

8. Fixar metade da luz com lâmpadas vermelhas (lâmpada vermelha Davis). Qualquer lâmpada de baixa densidade será adequada. A luz vermelha deve estar a 15 cm do chão.

9. Não sirva água fresca. Pode provocar-lhes pneumonia.

NOTA: Os bolbos vermelhos controlam o canibalismo e a debicagem das penas. No primeiro dia, só se dá água aos pintos. Não se dá comida. Nota: 1ft= 30cm.

DIA 2: TRATAMENTO DO LEITE E DA GLUCOSE

1. Verificar a existência de sinais de diarreia branca bacilar (DBC) e de diabetes. Estas são causadas por deficiências vitamínicas na população de origem. Trata-se de uma gota branca e pegajosa que cobre o respiradouro.

a. Estas doenças são hereditárias.

b. Afectam os pintos recém-nascidos durante a incubação.

2. Todas as janelas devem permanecer fechadas.

3. A temperatura deve ser de 95 F.

4. Deve haver 23 horas de luz.

5. Se a água velha acabar, forneça água fresca mas não lave os bebedouros.

TRATAMENTO: A ser utilizado quando os pintos tiverem percorrido longas distâncias (mais de 100 km) até à exploração e ou onde se pretenda travar as doenças acima mencionadas.

1. Dar glucose (açúcar) (4lbs), 2kgs em (1 galão) 5 litros para prevenir as doenças.

2. Fornecer (26 galões) , 130 litros de água potável a 1000 pintos por dia.

3. Adicionar 400 grãos de leite em pó completo, se disponível, aos (26 galões), 130 litros de água.

DIA 3: INTRODUÇÃO DOS COMEDOUROS

Atualmente, os pintos têm de dispor de comedouros e o jornal tem de ser retirado do chão.

1. Fornecer água fresca, lavar os bebedouros pela primeira vez, mas se o leite não estiver acabado, utilizar o resto da água açucarada e o leite em conjunto.

2. Encher os comedouros 2/3 para evitar desperdícios.

3. Não dar água fresca e comida ao mesmo tempo. Devem ser dados no mesmo dia, mas não ao mesmo tempo.

4. Retirar todo o jornal de cima das aparas de madeira ou da areia.

5. Ainda são necessárias 23 horas de luz.

6. A temperatura continua a ser de 95° F.

DIA 4: DIA DO ABATE

1. A água é mudada três vezes e os pintos são alimentados três vezes a partir de hoje.

2. São praticados três métodos de alimentação.

a. Três vezes por dia, todas as semanas, em dias alternados.

b. Duas vezes por dia.

c. Três vezes por dia.

3. As experiências mostram que alimentar três vezes por dia é dispendioso para o agricultor comum. Pode ser bom em instituições onde o dinheiro não é problema e o lucro não é um objetivo. Alimentar as aves três vezes por dia, dia sim, dia não, pode ser económico mas é perigoso. Deve-se utilizar o método de duas vezes por dia, pois é económico e as aves comem todos os dias.

4. A melhor altura para servir a comida é entre as 8.00 e as 9.00 horas e as 16.00 e as 17.00 horas.

5. Os galinheiros devem ser inspeccionados logo de manhã para retirar os pintos mortos.

6. A partir de hoje, todos os pintos que apresentem defeitos devem ser retirados, uma vez que as outras aves apanham facilmente a doença. Chama-se a isto "chamar as aves".

7. O abate deve ser efectuado no quarto dia, porque é um dia especial na exploração.

8. O abate consiste em eliminar os pintos defeituosos que apresentem os seguintes sinais

a. Olhos pequenos.

b. Pescoços empurrados.

c. Miúdas que estão sempre a cair.

d. Todas as raparigas de aspeto fraco.

e. Pintos inactivos.

f. Pintos com o abdómen pesado ou doente.

g. Pintos adormecidos.

h. Pessoas com dedos e/ou pés torcidos.

i. Pintos com olhos cegos ou inchados.

j. Os de bico torcido.

9. Mate todos os pintos defeituosos para evitar a propagação de doenças.

10. Nunca misturar, substituir ou acrescentar pintos novos ou estranhos a um grupo. Para evitar doenças, todas as aves devem ter a mesma idade.

11. A maior parte das janelas deve estar aberta para deixar entrar o ar fresco.

12. Reduzir o número de pintos no galinheiro em pelo menos 1/3 ou

dividir o grupo da mesma sala em duas unidades separadas e colocá-las em compartimentos diferentes.

13. A pneumonia das galinhas é provocada pela sobrelotação e pelo frio abaixo da temperatura ambiente (60° F).

a. Assim que reconhecem o uniforme familiar do trabalhador agrícola, os pintainhos saem do esconderijo.

b. Se os pintos conhecem o intruso, aproximam-se muito para o receber.

c. Só conseguem identificar uma pessoa pelo seu vestuário.

d. Se não conseguirem reconhecer a aparência da pessoa, sentem intuitivamente o perigo, começam a tremer e a comportar-se de forma nervosa.

e. O nervosismo conduz a muitos problemas na exploração agrícola, pelo que deve ser evitado.

f. Administre glucose na água de beber, se notar sinais de nervosismo nos animais. Utilizar uma colher de sopa de glucose em 5 litros de água. Adicionar leite a 1 colher de chá para 5 litros de água.

NOTA:

1. É difícil para a raça branca reconhecer ou diferenciar os africanos e associá-los ao seu país de origem.

2. É impossível para os africanos identificarem os brancos com o seu país de origem, exceto no que diz respeito à língua.

3. Então, como é que esperam que a pobre galinha saiba distinguir as pessoas - Musa de Amidu! João de Joana! O gerente do operário!

4. Eles não entendem a vossa língua, mas associam-na a cores diferentes.

DIA 6: PREVENÇÃO DE DOENÇAS

É bom fornecer soluções antibacterianas para desinfetar as botas e os sapatos no exterior do galinheiro.

1. Utilizar Izal ou Dettol em água.

2. Coloque a solução numa gamela pouco funda, imediatamente fora da porta do

galinheiro.

3. Pode ser escavada uma calha pouco profunda no solo, cimentada, deixada a secar e o líquido pode ser deitado nela.

4. Todos os trabalhadores da exploração agrícola devem passar o desinfetante antes de entrarem no galinheiro.

5. É económico embeber um saco de juta no líquido e deixá-lo à entrada. Isto evita que as pessoas molhem os sapatos e as calças.

6. Os trabalhadores agrícolas e os visitantes devem pisar o saco ensopado antes de entrarem no galinheiro.

7. Não é necessário alterar a solução, mas pode ser adicionado mais líquido ao saco.

8. Nunca coloque o desinfetante no interior do galinheiro. O seu cheiro pode ser inalado pelos pintos.

9. Muitos pintos têm corrimento nasal causado por estes desinfectantes.

10. Salientar que toda a gente pisa o líquido apenas quando entra em casa, mas não quando sai.

11. Colocar um sinal de NÃO ENTRADA nas portas da casa, para que ninguém entre por ali.

12. Dar água limpa e fresca todos os dias. Lavar os recipientes de água uma vez por dia, logo de manhã.

13. Assim que terminar de alimentar os pintos de manhã, limpe e lave os recipientes de comida utilizados no dia anterior.

NOTA: NUNCA UTILIZAR SABÃO PARA LAVAR OS RECIPIENTES DE ALIMENTOS OU DE ÁGUA.

Os seus pintos sobreviveram aos sete dias cruciais desta primeira semana. Parabéns! Está a caminho do sucesso, agora vamos olhar para trás e verificar se nos escapou alguma coisa.

1. No início do dia 5th , deu glucose e leite em pó como no outro dia?

2. Se sim, repita o mesmo no final da semana, ou seja, hoje. Dar 2 kg em 130 litros de água (26 galões). Se não, então dê 2 kg de glucose e leite em pó em (11 galões) 55 litros de água.

3. Abriu as janelas mais uma vez por dia?

4. Em caso afirmativo, verifique a temperatura da sala, que deve situar-se entre 60° F e 80° F. Esta é uma temperatura óptima de 75° F.

5. Está satisfeito com o abate efectuado hoje, pois é perigoso eliminar os pintos fracos do bando. Em caso afirmativo, deve olhar à sua volta e eliminar os pintos fracos.

6. Há alguma doença que afecte os pintos? Em caso afirmativo, observe os seus excrementos. Quais são os sinais?

a. A doença mais frequente é a diarreia. Esta pode ser detectada pelas manchas brancas à volta dos resíduos que os pintos libertam.

b. Outra doença comum é a pneumonia das criadeiras.

TRATAMENTO DAS DOENÇAS ACIMA REFERIDAS

a. Para curar a doença (6a) acima referida, utilizar a fórmula de terramicina para pintos em água, ½ colher de chá para um galão de água (5 litros).

b. No caso das doenças (6b) , os sinais exteriores são pálpebras inchadas; numa fase grave, os olhos fecham-se por completo. Utilizar o sumo de lima natural (da tília) nas partes afectadas durante três dias (utilizar uma vez para proteção e duas vezes para cura). NÃO USAR IODO, como aconselham algumas pessoas inexperientes. Nota: Muitas pessoas confundem a pneumonia das criadeiras com a varíola das galinhas. Utilize iodo para a varíola das galinhas, mas não para a pneumonia das galinhas.

7. Quantas horas de luz devem as aves receber agora? Devem receber apenas 12 horas de luz: Não é necessária mais luz artificial até atingirem as 15 semanas de idade.

8. O programa de alimentação está a funcionar? Se a alimentação for suficiente, notar-se-á um crescimento dos pintos. Os pintos devem ser saudáveis. Devem correr na sala e em direção à comida e à água, pois todas estas coisas são sinais de crescimento. Devem ter desenvolvido penas nas asas e nas caudas. Os machos começam a mostrar caraterísticas agressivas e desenvolvem penas diferentes.

9. O comedouro deve ser mudado de um quadrado grande para um comedouro estreito e limitado. A medida do novo comedouro deve ser (2 pés de comprimento por 131 de largura e 61 de comprimento), 60 cm x 5cm x15 cm. Um comedouro deste tamanho deve ser utilizado para 40 pintos.

10. Está a mudar metade das aves para uma casa diferente? Em caso afirmativo, não mudar as aparas de madeira, limpar ou desinfetar o local. Em caso negativo, retire ½ dos

pintos do galinheiro. Quando o número de pintos aumentar, remexer as aparas de madeira para criar uma superfície de litragem.

11. Abrir todas as janelas para retirar todos os comedouros e bebedouros da sala enquanto se mexe na lenha.

12. Deite água fria sobre as aparas de madeira antes de as mexer, especialmente se a cama estiver seca e poeirenta.

NOTA:

1. Tomar todas estas precauções e deixar que as aves comecem a sua segunda semana com vigor.

2. Neste caso, o pó de serra refere-se a madeira ou aparas de madeira que se decompuseram em cinco materiais granulares, formando uma cama profunda no galinheiro.

CAPÍTULO 5: SEMANA 2-5, CONTINUA A MEDITAÇÃO

SEMANA 2: TAMANHO DA SALA E NÚMERO DE PINTOS.

No início da segunda semana, as galinhas passam para uma sala mais ampla e mais espaçosa. Dê a cada pintainho um espaço de 45 cm2 na sala, por exemplo, uma sala de (60 x 30) pés, ou seja (1800 x 900 cm) precisa agora de 1200 pintainhos em vez de 1800 em 3, 600 como no primeiro dia de vida. Remexa a cama profunda e vire-a para a tornar fresca. Quando a cama é tratada desta forma, deve ser aplicado um desinfetante. Se a cama de aparas de madeira ou a cama profunda tiverem sido tratadas no dia 5, pode acrescentar-se mais aparas de madeira fresca por cima da cama velha.

NOTA:

1. É sempre perigoso misturar galinhas de ambientes diferentes.

2. Ninguém deve entrar na casa, exceto os trabalhadores efectivos com o seu uniforme, botas e bonés prescritos.

3. As fardas dos trabalhadores agrícolas devem ser conservadas nas instalações da exploração, exceto se se destinarem a ser lavadas.

4. O desinfetante que se encontra no exterior da porta do galinheiro deve ser retirado de vez em quando.

5. Quando as aves são transferidas para um compartimento maior, o antigo compartimento deveria ser limpo, varrido e desinfectado, por esta ordem.

6. Utilizar D.D.T , Izal ou Dettol, ou uma solução de permanganato de potássio para

desinfetar o quarto.

7. Deixar o quarto durante duas semanas antes de um novo lote de pintos se mudar.

8. Durante a limpeza, as paredes, as janelas, as portas, o teto e as saídas de ventilação também devem ser limpos.

9. Após a desinfeção, todas as janelas, portas e ventiladores devem ser abertos para permitir uma boa circulação de ar na sala.

10. A limpeza deve ser feita pela ordem correta: (a) Remover o pó de serra (b) Varrer o chão (c) Limpar as paredes e o teto (d) Ensopar e esfregar, antes de lavar o quarto.

11. Certifique-se de que todos os comedouros estão completamente limpos de alimentos velhos. Não utilizar sabão, produtos químicos ou detergentes nos comedouros.

SEMANA 3: OLIGOELEMENTOS

1. Dar aos pintos uma ração inicial completa. Se não se dispuser de tais alimentos, adicione 20% de proteínas à farinha de milho normal durante as três semanas seguintes.

2. Adicionar 1% de cálcio ao alimento.

3. Adicionar vitaminas A, E e K em pequenas quantidades.

4. Adicionar pequenas quantidades de oligoelementos aos alimentos. Nota: Todos os elementos acima referidos podem ser encontrados no óleo de fígado de bacalhau.

5. Para os pintos com uma semana de idade, a medida dos ingredientes é uma colher de sopa por saco de 25 kg de ração.

6. Se as vacinas forem administradas em água, certifique-se de que a água não contém cloro.

7. Certifique-se de que todos os bebedouros estão isentos de odores e da presença de desinfetante.

8. Se for utilizada uma fonte de água não tratada, adicione leite evaporado em pó à água antes de a servir aos pintos.

9. A água corrente normal deve ser purificada da seguinte forma:

a. Utilizar material branco e limpo para o filtrar.

b. Carregue pedras, seixos e areia pura de ribeira para um balde perfurado.

c. Recolher a água purificada e adicionar o leite evaporado em pó.

d. Ou ferva a água do riacho e deixe-a repousar durante a noite antes de a utilizar. Faça isto quando não houver leite em pó disponível.

e. Os poços também são importantes. Cavar um poço e prepará-lo com bidões limpos, abertos e vazios.

10. A água dos poços não precisa de ser tratada, mas sim de tratar as galinhas com medicamentos para eliminar os vermes de quatro em quatro semanas. Nota: Deve-se manter o regime de 12 horas de luz do dia e 12 horas de escuridão. Sirva água três vezes por dia e alimente as aves duas vezes por dia.

SEMANA 14: LEITE DESNATADO PARA O TRATAMENTO DA VARÍOLA DAS GALINHAS

Sempre que for necessário adicionar água a qualquer vacina para a prevenção de doenças ou enfermidades, adicionar também leite desnatado em pó na proporção de 100 g de leite desnatado para 40 litros de água. Esta solução é equivalente a 30 oz de leite por 100 litros de água. É mais simples medir 1 g de leite para 5 litros de água. Dê a solução às aves para beberem. É mais seguro do que uma injeção.

INSTRUÇÃO:

1. Misturar primeiro o leite em pó, antes de adicionar a vacina e não vice-versa.

2. A proteína do leite neutraliza qualquer coisa como cloro ou desinfetante presente na água.

3. A vacina contra o vírus actua durante mais tempo quando é adicionada ao leite e às proteínas.

NOTA: cada 100 pintos bebem 5 litros de água por dia. Ou seja, 1.000 pintos necessitarão de 50 litros de água por dia. (Um galão equivale a cinco litros). Agora os seus pintos sobreviveram um mês inteiro com ou sem grandes problemas. Muito bem, está no bom caminho. Dá valor ao que conseguiu? Volte atrás na sua mente e recorde o dia em que tomou a decisão corajosa de criar uma exploração avícola. Em seguida, visualize o dia em que pôs este pensamento em ação e pode testemunhar a dignidade do trabalho.

4. Deixe os pintos ficarem no quarto maior.

5. Deixem-nos beber a água limpa e tratada.

6. Verifique a sua caixa de medicamentos para se assegurar de que está preparado contra qualquer surto de doença. Nota: 1.000 ml = 1 litro.

7. Ter o pó solúvel de terramicina na caixa de medicamentos.

8. Preparar uma caixa maior para conter secções de diferentes medicamentos, produtos químicos e pós.

9. Marcar a caixa com cores diferentes para facilitar a identificação.

10. Manter todos os medicamentos afastados de alimentos, água, crianças e calor.

SEMANA 5: DESCASCAR

A incubação termina esta semana e a criação começa esta semana. É importante aparar os bicos de todos ou de alguns dos pintos durante esta semana.

1. A debicagem consiste em cortar 1 mm do bico dos pintos.

2. Os bicos superior e inferior são cortados.

3. Retirar dois terços do bico (abaixo do corno).

4. Cuidado para não cortar a língua do pintainho.

5. A descasca é efectuada nesta fase porque o corno do bico se torna duro a partir das oito semanas de idade.

NOTA: A desidratação pode provocar stress nos pintos, por isso, ajude-os fazendo o seguinte

1. Incluir vitamina K na água de beber durante 44 horas antes da descasca.

2. Continuar com este tratamento durante 24 horas após a remoção da casca.

3. É aconselhável não desossar todas as aves. Só as saudáveis devem ser descascadas.

4. Os pintos com bicos sobrepostos devem ser examinados e descascados.

5. O descasque deve ser efectuado de manhã cedo ou ao fim da tarde.

6. A maior parte dos avicultores prefere a noite à manhã porque as aves dormem e não usam os seus bicos doridos.

ALIMENTAÇÃO:

1. Assim que as galinhas forem descascadas e durante os 3 dias seguintes, encha os comedouros até à borda.

2. Ajude os pintainhos a não tocarem no fundo do comedouro com os seus bicos azedos, pois isso magoa-os muito.

3. Se esta instrução for ignorada, as aves podem sangrar dos seus bicos. O sangue

escorre para a boca e as aves começam a gostar do seu sabor.

4. Quando se habituam ao sabor do sangue, aprendem a bicar os seus companheiros mais fracos para obter mais sangue.

5. A prova de sangue pode levá-los mais tarde a beber os seus próprios ovos.

6. A prova de sangue leva ao canibalismo: Cuidado e previna-se, senão perde as aves e os ovos.

CAPÍTULO 6; CRIAÇÃO: 6 A 18 SEMANAS

SEMANA 6: O PERÍODO DE CRESCIMENTO

Não há nenhuma razão para que os pintos não possam permanecer no mesmo galinheiro até ao período de postura, mas é necessário que haja muita ventilação, espaço suficiente no chão e que a madeira seja limpa de vez em quando. Quando não for possível obter um galinheiro maior, os pintos podem ser transferidos de um ambiente de criação para um galinheiro de recria e, eventualmente, para um galinheiro de postura.

1. Não há muita diferença física entre os pintos da semana passada e os desta semana.

2. A diferença mais importante entre os pintos em incubação e os pintos em crescimento é a quantidade de medicamentos administrados.

3. Os pintos continuam a comer o mesmo tipo de alimentos. Necessitam da mesma temperatura e da mesma duração de luz do dia de 12 horas.

NOTA:

1. Durante a semana, deve injetar os pintos contra a doença de Newcastle.

2. Chamar um veterinário ou um extensionista do Ministério da Agricultura ou dirigir-se à unidade de produção avícola da sua área para obter o medicamento.

3. Imediatamente após a injeção, proteger os pintos contra o stress e a tensão, utilizando qualquer um dos seguintes medicamentos.

a. Terramicina fórmula para pintos (ver instruções na embalagem).

b. Terramicina em pó solúvel na água potável.

4. O medicamento Tylan na água protege os pintos contra a bronquite.

5. Na ausência de medicamentos, utilizar açúcar (glucose) na água de beber, com ou sem leite desnatado em pó.

6. Comece a alimentar os pintos com ração de crescimento na próxima semana.

SEMANA 7: TRATAMENTO DA COCCIDIOSE

1. Mudar a cama esta semana se os pintos não foram transferidos para um novo local de criação.

2. Se o bebé for transferido para uma nova casa e um novo ambiente, certifique-se de que recebe leite e glucose suficientes.

3. O espaço no solo deve ser de 45 cm quadrados por ave.

4. A rede de arame do novo galinheiro deve ser muito mais forte do que a do galinheiro de criação.

5. Onde quer que os pintos fiquem, precisam de tratamento contra a coccidiose esta semana.

NOTA: Para o tratamento da coccidiose, utilizar um dos seguintes medicamentos.

1. Truthiodal , continuamente na alimentação durante 2 semanas.

2. Amprolium em pó na água de beber durante 10 dias.

3. Zoalene na água potável durante 2 semanas.

4. Metichlorphical na água potável durante 2 semanas.

5. Metchlorphical na ração durante 4 semanas.

Estes medicamentos têm as suas próprias instruções do fabricante, que devem ser respeitadas.

6. Antes de qualquer medicamento ser administrado na água de bebida das aves, é importante privá-las de água de bebida durante pelo menos 12 horas nas zonas tropicais e 24 horas nas zonas temperadas.

7. Não administrar o mesmo medicamento na água e nos alimentos, às mesmas aves, na mesma exploração e ao mesmo tempo.

8. Tentar evitar a sobredosagem de medicamentos.

9. Registar todos os medicamentos administrados às aves, quando foram administrados, em que casa, qual o grupo etário, onde foi comprado o medicamento e o seu preço, tudo deve ser registado.

10. Registe os factos num caderno e leia-o de vez em quando, pelo menos uma vez por mês.

SEMANA 8: TRATAMENTOS NA ENFERMARIA

Os seus pintos completam esta semana dois meses de idade. Deve voltar a selecionar os doentes e tratá-los sempre que possível. Prepare uma sala espaçosa onde as aves doentes são mantidos, tratados, experimentados e testados com novos medicamentos. Chamam-lhe "Enfermaria".

1. Não é possível isolar cada uma das aves doentes ou mesmo agrupar doenças diferentes.

2. Misturar todas as aves doentes numa sala grande.

3. Inspecionar diariamente a enfermaria para ver o efeito da melhoria. Registar as doenças que foram curadas primeiro na enfermaria e a data em que saíram; se alguma vez saíram. Registar a hora em que as aves doentes entraram na enfermaria e a data em que saíram, caso tenham saído.

4. Registar que droga ou medicamento curou que doença e durante quanto tempo.

5. Alimente sempre primeiro as aves saudáveis. Alimente-as, sirva-lhes água e termine o trabalho antes de visitar o compartimento das aves doentes.

6. Sirva as aves doentes da baía com comida e água. Agrupe-as de acordo com a sua idade.

7. É conveniente e económico que um trabalhador especial tome conta da enfermaria.

PARA AS AVES SAUDÁVEIS.

1. Vacine todos os animais contra a varíola das aves pela primeira vez esta semana. Se não os vacinar, será demasiado tarde para o evitar.

2. Inspecionar diariamente e eliminar as aves mais fracas.

3. Pesar os pintos, cinco de cada vez, e determinar o peso médio.

Por exemplo, 5 aves pesam 3kg, 3kg, 2kg, 2kg e 2kg. O peso total é de 12 kg.

4. Dividir o peso total pelo número de aves= 12/5 = Peso médio por ave.

5. Se o peso for inferior, adicionar mais proteínas à ração.

6. Se o peso for maior, reduzir a ingestão de alimentos.

Nota: 1kg= 1000g =2lb.

SEMANA 9: SEMANA DE DESCANSO PARA A HIGIENE

1. Dar água limpa ou tratada às aves 3 vezes por dia.

2. Alimentar duas vezes por dia como habitualmente.

3. Examinar o efeito do programa de alimentação duas vezes por dia.

4. Descubra a melhor forma de melhorar o sistema.

5. Se o peso estiver dentro da média normal, continuar com o programa de alimentação.

6. Se existem problemas com o programa, então tentem melhorá-lo.

7. Pode melhorar o sistema de alimentação aumentando a frequência das mamadas para 3 vezes por dia, às 8h00, 16h00 e 17h00.

8. Pode optar por manter o sistema de alimentação de duas vezes por dia com algumas adições ou modificações - adicionando proteínas como na outra semana.

9. Acrescentar mais aparas de madeira por cima da cama velha ou remexer a cama velha.

10. Se o clima for do tipo do Norte de África - muito seco e poeirento - borrife água na cama de duas em duas semanas.

11. A cama empoeirada provoca congestão pulmonar nas aves.

12. A congestão pulmonar provoca bronquite e dificuldade em respirar.

13. A bronquite é uma doença mortal para as aves de capoeira, especialmente nesta fase.

14. A bronquite também é causada por visitantes e trabalhadores agrícolas que fumam cigarros no galinheiro. Deveria haver um sinal de "Proibido fumar" no galinheiro e na exploração agrícola.

15. Em ambos os casos, as aves inalam o fumo e/ou as partículas de pó que bloqueiam os seus tubos de ventilação.

16. A bronquite é a causa de cerca de 90% das mortes entre as aves doentes.

17. A bronquite é uma doença infecciosa que se propaga pelo ar e através dos alimentos e da água de beber. Nota: Evitar a bronquite por todos os meios e a todo o custo.

Quadro 1; Figura 1: Taxa de consumo de ração

CRIADORES		CAMADAS	
IDADE EM SEMANAS	ALIMENTO POR AVE POR DIA EM GRAMAS	IDADE EM SEMANAS	ALIMENTO POR AVE POR DIA EM GRAMAS
0-8	54	19	88
9	54	20	91

10	56	21	96
11	60	22	104
12	64	23	108
13	68	24	119
14	72	25	111
15	75	26	111
16	78	27	111
17	81	28	112
18	85	29	112
19	90	30	112
20	93	31	103
21	97	33	111
22	100	33	113
23	123	34	112
24	140	35-40	113
25	149	41-50	112
26	151	51-60	111
27	159	61-74	108

NOTA: Os antibióticos estimulam o crescimento em 10 semanas. As aves continuam a seguir um programa de 12 horas por dia.

SEMANA 11: LIMPEZA

Verificar a limpeza e a higiene gerais dos edifícios. Entre as aves e com tudo o que precisa de ser limpo ou lavado.

1. Limpar todas as teias de aranha nas janelas, no teto, nos quatro cantos das casas e entre a rede de arame.

2. Enumerar todas as caixas sobre as quais se encontram os bebedouros e os comedouros.

3. Cuidado com os ratos e as baratas que se podem esconder debaixo dessas caixas encharcadas de água.

4. Muitas doenças na exploração agrícola têm origem na alimentação e depois de terem sido contaminadas com fezes de ratos, urina de ratos e excrementos de baratas.

5. Destrua os ratos e as baratas que se encontram escondidos debaixo das caixas. Mata-os.

6. Procurar e destruir as ratazanas na zona. As ratazanas, tal como os ratos, contaminam os alimentos e a água. Vêm divertir-se e servir-se da comida das galinhas à noite.

7. Ao comerem os alimentos, colocam os germes na alimentação.

8. A ração fica suja e logo que as galinhas apanham uma migalha que caiu, ficam doentes e podem morrer em consequência disso.

9. As pragas podem instalar-se entre as aves de capoeira. Se mais desses ratos forem deixados entrar sem controlo.

10. Trate as térmitas como trata os ratos e as baratas, embora as térmitas não causem doenças. Elas preferem comer os comedouros e quase tudo o resto, exceto ferro e pedra.

Nota: Feche todos os buracos para impedir que cobras, ratos e ratazanas entrem na casa.

SEMANA 12: TRATAMENTO DAS CONSTIPAÇÕES

Revacinar contra a doença de Newcastle e a varíola aviária.

1. Na 12ª semana, as doenças são muitas, mas a mais notável de todas é a coccidiose.

2. Tenha também em atenção as seguintes doenças, caso as aves não tenham sido vacinadas contra elas anteriormente.

3. Esta é a era dos problemas. Por isso, tenham cuidado e sejam avisados.

Nota: No sector avícola, a prevenção é preferível à cura da ansiedade, da incerteza e do eventual azar (se acreditar na sorte, claro).

1. Fornecer Amprolium para a prevenção e cura da bronquite durante os primeiros 3 dias.

2. Amprolium é um dos melhores medicamentos para as doenças de coccidiose.

3. Após este tratamento, dar também água potável no dia 4th .

4. Dois dias após o tratamento com Amprolium, começar a utilizar óleo de fígado de bacalhau na alimentação.

MEDIÇÃO

1. Dar uma colher de sopa de óleo de fígado de bacalhau num saco (25 kg) de ração durante o resto da semana. (4 dias).

2. Se o problema for a bronquite e/ou a doença de Marek e não a coccidiose, administrar terramicina.

SEMANA 13: MUDANÇA DE HÁBITOS ALIMENTARES

Continuar com o seu programa alimentar normal, ou seja, duas vezes para a alimentação e 3 vezes para a água.

1. Esta semana, os seus pintos entraram numa nova fase. São novos adolescentes e mostram um comportamento diferente e uma atitude agressiva uns para com os outros.

2. Os problemas que vai encontrar são os das adolescentes exibicionistas. Tal como os seres humanos, as raparigas adolescentes apresentam caraterísticas femininas.

3. Saem cedo e chegam tarde a casa. Também comem mais para crescerem e desenvolverem tecidos.

4. As frangas formam corpos femininos redondos, com penas curtas, patas curtas, pêlos pequenos e barbilhões pequenos.

5. Os galos machos apresentam patas mais compridas, pêlos e barbilhões bem desenvolvidos e penas da cauda bem salientes.

6. Tal como os adolescentes, deixam de comer e perdem o apetite na presença do sexo oposto.

7. Pode explorar e utilizar esta psicologia das aves em seu benefício. Por si só, elas comem muito.

8. Introduzir alguns galos entre as galinhas.

9. A melhor combinação é de 10 galos para 100 frangas.

10. Esta proporção impedirá que os machos lutem pela posse das "raparigas".

11. A presença do sexo oposto vai pô-los em dieta para o seu

vantagem.

12. Os machos correm atrás das fêmeas à volta da casa. Ambas as aves

mostrará entusiasmo no jogo das escondidas a toda a hora.

13. Os machos mostram agressividade e vigor no jogo.

Nota: Fornecer mais alimentos com hidratos de carbono. Acrescentar mais farinha de mandioca até obter uma quantidade total de 65% de mandioca ou de milho. Dar bastante água durante esta semana, mas não se deve alterar o programa de iluminação. Encher o comedouro apenas até ¾ para evitar desperdícios.

SEMANA 14: GANHAR PESO

Proporcionar-lhes algo que lhes permita ganhar peso, uma vez que perdem peso por correrem tanto na semana 13.

1. Fornecer o grão como único alimento durante toda esta semana.

2. A brita pode ter a forma de calcário, xisto ou areia comum de rio.

3. Faça a sua própria ração de areia com areia dos leitos dos rios ou areia da zona situada após chuvas fortes.

4. Recolher a areia, peneirar os seixos e reter a areia mais fina e brilhante, branca ou castanha. Lave bem a areia. Seca-a, embala-a em sacos e leva-os para a quinta. Dê quantidades de areia aos pássaros para que a comam. Nunca misture areia com alimentos, pois é perigoso. Pode-se recolher um pouco de areia castanha amarelada das galerias ou das sarjetas depois de chuvas fortes. Lave-a com água normal antes de a utilizar. Não lavar com sabão ou qualquer detergente.

5. As doenças mais comuns na semana 14 são: Leucose hepática e bronquite. Mais uma vez, utilizar Amprolium (abreviadamente Amprol). Nos locais onde o Amprol não está disponível, utilizar um ou qualquer dos seguintes medicamentos (a) Sufanidina (b) Suphaquinozadina (c) Nitrofurosina.

NOTA: A areia ajuda a reduzir a ingestão de alimentos. A areia torna-as pesadas de modo a evitar um peso excessivamente leve. Lembre-se que se as suas aves são frangos de carne, esta é a semana para as vender. Os frangos de carne só ficam na exploração durante 14 semanas e depois são vendidos ao público como aves de mesa. Esta é uma boa prática. Siga-a e poupe dinheiro.

SEMANA 15 : FOWL POX

Não parar bruscamente para introduzir a alimentação correta. A retirada da alimentação de areia deve ser gradual. Lembrar-se de não misturar areia na ração.

1. Esta semana, forneça areia lado a lado com a ração para cultivadores.

2. A alimentação e a areia são fornecidas separadamente em diferentes calhas de alimentação.

3. Não alterar o tamanho, a forma ou a cor dos comedouros.

4. A alimentação deve ser feita nos bebedouros habituais e habituais.

5. Colocar a areia em tabuleiros maiores (quadrados).

6. Utilize os bebedouros de galinha com uma semana de idade como tabuleiros de areia.

7. A areia é agora servida às galinhas que vão ser transferidas para o galinheiro das poedeiras dentro de algumas semanas.

NOTA: Tratar a varíola das aves novamente esta semana. Melhor ainda, evitar qualquer surto da doença.

1. Um dia por semana, fornecer medicamentos à base de vitamina A para a prevenção da varíola alimentar.

2. As aves atingiram uma fase em que os órgãos internos estão a mudar e a desenvolver-se para produzir as hormonas necessárias à produção de ovos. Nos animais superiores, chama-se a isto puberdade. A puberdade cria problemas de calor e dores de cabeça em todos os animais e aves. Fornecer antibióticos para a varíola aviária, a laringotroquite infecciosa e a bronquite infecciosa, a febre tifoide aviária, a varíola aviária, o complexo da leucose, as doenças de Newcastle, a manocitose aviária e a doença de Marek. Todas podem manifestar-se a partir desta semana.

3. Os antibióticos utilizados para a prevenção destas doenças são: a) Euraviste b) Floxaid c) Terramycin poultry formular. Para a prevenção, utilizar um pacote para 100 litros de água durante 5 dias.

SEMANA 16: ALIMENTAÇÃO; MÉTODOS ALTERNATIVOS.

Deixar de alimentar as galinhas com areia.

1. Retirar os tabuleiros de areia mas deixar os comedouros.

2. Não alterar o padrão de alimentação, que é de duas vezes por dia.

3. Continuar com o puré de crescimento.

4. Nada é mais inútil do que alimentar demasiado as galinhas.

5. As galinhas sobrealimentadas tornam-se mais pesadas no abdómen.

6. As galinhas não podem transformar o alimento suplementar em ovos nesta idade de 16 semanas.

7. Assim, os alimentos suplementares são convertidos em gordura.

8. Demasiada gordura pode bloquear a passagem do saco ou reduzir a sua elasticidade, impedindo assim a passagem fácil dos óvulos no futuro.

9. Demasiada gordura gera calor no interior do abdómen.

10. Um calor excessivo pode destruir o saco de ovos e os ovos dentro da galinha.

11. Nada o impede de alimentar as galinhas 3 vezes por dia, mas se o fizer, certifique-se de que elas precisam da comida.

12. Outra alternativa para alimentar as galinhas é três vezes por dia, em dias alternados. SIGNIFICADO: Alimenta-se três vezes hoje, falta-se amanhã e volta-se a alimentar três vezes depois de amanhã.

13. Falhar um dia é incómodo e perigoso.

14. Por isso, mantenha a alimentação duas vezes por dia para todos os dias.

15. É necessário salvaguardar a saúde das galinhas.

NOTA: Use compostos de piperazina para tratar os vermes esta semana. Poupa-se muito dinheiro diminuindo a quantidade de dinheiro gasto em comida diariamente. Verifica agora quanto gastaste só em comida. Conte o número de sacos registados na sua caderneta de compras e multiplique o número pelo custo por saco, o que representa o custo de alimentar duas vezes por dia. Acrescente metade do custo ao valor obtido para a alimentação tripla diária.

EXEMPLOS: Duas vezes a alimentação 3 dias por dia durante 7 dias= 21 dias.

21 sacos a 90 dólares cada = 1.890 dólares. Há mais 112 sacos, perfazendo 4.124 sacos por dia durante 7 dias = 31.812 sacos. 31.812 sacos a $90 cada = $92, 830.50k. Mas cada 600 aves alimentadas duas vezes poupa-lhe $940 por semana ($2880,50- $1890= $940,50). Isto poupa $370 em alimentação e poupa dinheiro. Não efetuar mais vacinações após a 16ª semana.

SEMANA 17: FOLHAS VERDES NA ALIMENTAÇÃO (OLIGOELEMENTOS).

Os alimentos para aves de capoeira armazenados durante mais de um mês perdem o seu sabor.

1. Adicione óleo de fígado de peixe, óleo de fígado de bacalhau ou folhas verdes à ração das frangas esta semana.

2. O óleo de fígado de peixe, o óleo de fígado de bacalhau e as folhas verdes contêm todos oligoelementos e são ricos em vitamina A.

3. As aves de capoeira precisam de vitaminas A, K e E, mas não precisam de mais A.

4. O óleo de fígado de bacalhau conservado num armazém durante um período máximo de 3 meses perde o seu teor de vitamina A.

5. É preferível fornecer folhas verdes aos pássaros.

6. É mais fácil cortar a relva e dar a relva aos pássaros.

7. Dirija-se a várias escolas e peça para cortar o seu campo de futebol gratuitamente. As autoridades escolares acolherão a sua oferta e os alunos ajudá-lo-ão de bom grado.

8. Corte a erva em pequenos pedaços antes de a dar aos pássaros.

9. As experiências provaram que podem viver apenas de erva como alimento.

10. Dê sempre a erva crua e fresca às aves. Pode moer a erva e fazer pellets com ela.

11. Secar os granulados (ao sol) sempre que possível.

12. Deixar arrefecer os granulados durante 24 horas antes de os dar aos pássaros.

13. As folhas comestíveis podem ser servidas às aves de capoeira.

14. Podem ser utilizadas folhas como as folhas de taro, de mandioca, de bananeira ou de alfafa.

15. Todas as folhas comestíveis locais são boas. Utilize-as para reduzir o custo da alimentação.

16. Não ferver as folhas.

17. Não misturar as folhas com a ração. Servir as folhas separadamente antes ou depois da alimentação principal.

18. As folhas verdes ajudam a produzir uma melhor gema dourada nos ovos.

19. Não amontoar as folhas. Se estiverem amassadas, espalhá-las para secar.

NOTA : Os pássaros podem asfixiar-se se engolirem muitas folhas de uma só vez. O programa de 12 horas por dia continua esta semana. Um novo programa começa nas próximas duas semanas.

SEMANA 18: OBJECTIVO DO PESO VIVO DAS AVES.

1. O novo programa de luz começa no final da semana.

2. Até agora, as aves recebiam apenas 12 horas de luz do dia, o que contribuía para o consumo de ração pelas aves.

3. O método impediu-os de comer durante toda a noite.

4. No final desta semana, apanhe 5 frangas e pese-as.

5. Selecionar as aves numa amostra aleatória - não ser seletivo apenas em relação às aves grandes.

6. Amarre as pernas de cada ave e pese-as numa balança de mola.

7. Nesta fase, a variação do peso vivo do corpo deve situar-se entre 1,45 e 1,55 kg. O peso médio deve ser de cerca de 1,50 kg.

8. Acabar de pesar mais até ao final desta semana.

9. É aconselhável encaixotar todas as frangas que pesou para evitar pesar um grupo errado de aves.

10. Preparar a casa de camadas antes de as enviar.

11. Enviar as gaiolas um ou dois dias antes da chegada das galinhas.

12. Preparar uma plataforma de resíduos coberta com uma rede metálica de 2 cm (2/3 pol.).

13. A plataforma servirá de depósito de resíduos para todas as aves.

14. As gaiolas em camadas devem ser enchidas com algo macio. Pó de serra, pequenas sementes, areia ou a casca morta de uma bananeira é bem amolecida.

15. A entrada das caixas de camadas deve estar virada para a parede.

16. As gaiolas devem ser fechadas à noite mas abertas durante o dia, de modo a evitar que as aves as utilizem como locais de dormir.

NOTA: Misturar as frangas com os galos numa proporção de 100 frangas para 10 galos ou de 10 para 1 dos ovos necessários para a incubação.

CAPÍTULO 7: INÍCIO DO PROGRAMA "NEW LIGHT

SEMANA 19: TRÊS PROGRAMAS NUMA SEMANA.

Três programas devem ser efectuados hoje. A iluminação, a apanha das frangas e o seu transporte do galinheiro para o galinheiro das poedeiras. Todas são tarefas pesadas. Utilize lâmpadas azuis quando estiver a apanhar as aves, pois elas são dóceis à luz. Este trabalho deve ser efectuado à noite.

1. As frangas são ainda adolescentes e são muito fortes, pelo que são difíceis de apanhar.

2. Utilize uma rede grande para rodear pequenos grupos de cada vez. Apanhe os primeiros e injecte-lhes um medicamento anti-stress e anti-estirpe. (Consulte o seu veterinário para saber quais os medicamentos).

3. Colocá-los pelo menos 2 semanas antes da semana 21st.

4. Transportá-los na obscuridade; não permitir que as aves se apercebam do seu novo ambiente.

5. Pesar de novo as mesmas aves.

6. Solte-os todos depois de os ter pesado.

PROGRAMA LIGEIRO.

O novo programa de iluminação para camadas começa esta semana.

1. Acrescentar 30 minutos à duração da luz do dia , que passa a ser de 12 ½ horas.

2. Acender a luz artificial das 18h00 às 18h30 todos os dias da semana.

3. Depois das 18h30, as galinhas voltam a ficar na escuridão total até ao dia seguinte.

4. Depois desta semana, dê apenas 15 minutos de luz extra todos os dias.

5. Providenciar ninhos para as poedeiras e um fosso.

6. Não alterar o padrão ou a cor dos recipientes de alimentação e de água.

7. Quase todas as galinhas perderão até (1lb a 2lb), 500g a 1000g de peso.

8. Para prevenir a STRESS SOLINSTER, colocar o medicamento na água de beber.

9. Administrar o medicamento, logo pela manhã após a sua chegada.

10. Descascar de novo as frangas que não tenham sido corretamente descascadas anteriormente e aquelas cujos bicos voltaram a crescer. (Ver semana 5).

11. Apagar a luz às 18h30, dar exatamente 12 ½ horas de luz durante toda a semana 9.

12. Repetir (25 kg) de puré em camadas.

Quadro 2: Utilização competente da luz artificial

Frangas	Manhã (a.m)	Manhã (a.m)	Noite (p.m)	Noite (p.m)
Semanas de idade	De	Para	De	Para
19	5.30	6	6	6.30
20	5.15	6	6	6.45
21	5.00	6	6	7.00
22	4.45	6	6	7.15
23	4.30	6	6	7.30
24	4.15	6	6	7.45

25	4.00	6	6	8.00
26	3.45	6	6	8.15
27	3.30	6	6	8.30
28	3.15	6	6	8.45
29	3.00	6	6	9.00
30	2.45	6	6	9.15
31	2.30	6	6	9.30
32	2.15	6	6	9.45
33	2.00	6	6	10.00
34	1.45	6	6	10.15
35	1.30	6	6	10.30
36	1.15	6	6	10.45
37-40	1.00	6	6	11.0

NOTA: Utilizar o candeeiro de manhã ou à noite. 1000g=11b=1kg.

SEMANA 20: MINERAIS NOS ALIMENTOS PARA ANIMAIS

Não dê ainda às frangas o puré completo para as poedeiras. Espere até que 5% das aves comecem a pôr ovos. 5% significa 50 ovos postos entre 1000 galinhas, ou 5 ovos postos entre 100 galinhas. O programa de luz desta semana é apagado às 18:45 horas.

1. Depois de 5% das frangas terem posto ovos, dê-lhe puré para as poedeiras.
2. Dar mais cálcio na alimentação.
3. Quanto mais cálcio houver na ração, mais forte será a casca do ovo.
4. O teor de cálcio na ração deve ser de 1%.

Este 1% significa 1kg de cálcio num saco (25kg) de puré de batata.

5. Manter a ingestão de cálcio durante toda a semana 20.
6. Para além do cálcio, fornecer mais proteínas na alimentação.
7. Adicione uma colher de sopa de óleo de fígado de bacalhau a um saco (25 kg) de ração para aves de capoeira.
8. Tratar as doenças de BWD durante 3 dias com Amprol em pó na água de beber.
9. Administrar os medicamentos em água limpa (ver dia 2).

NOTA: Esta semana, o peso corporal deve ser de 1,55- 1,65kg (3,4- 3,6lb).

SEMANA 21: OBJECTIVO DE MATURIDADE PRECOCE

As frangas de maturidade precoce mostrarão sinais de postura antes dos 6 meses de idade. Esta semana, surgem três factos. Por isso, tome nota:

1. No caso das galinhas transferidas para o galinheiro de cama funda, as aparas de madeira devem ter uma profundidade de 15 cm para evitar que os ovos se partam. Quando apenas são necessários ovos comerciais abundantes, não deve haver galos entre as galinhas.

2. Se os ovos forem necessários para a incubação, siga estas instruções:

Por cada 10 galinhas, adicione um galo, por cada 100 galinhas adicione um galo, por cada 1000 galinhas adicione 100 galos. Trata-se de uma relação de 10 para 1, como já foi referido. Tanto as galinhas como os galos devem ser de pais diferentes que possuam estas qualidades idênticas.

a. Persistência - Capacidade de se deitar todos os dias.

b. Número de ovos superior a 240 por época.

c. Peso dos ovos - não inferior ao normal.

d. Qualidade do ovo - boa casca.

e. Capacidade de eclosão dos ovos - capazes de eclodir quando colocados numa incubadora. Quando as qualidades acima mencionadas são satisfeitas, então acasala-se o galo e a galinha.

ADVERTÊNCIA: Nunca acasalar galinhas e galos dos mesmos pais. As aves não aparentadas produzem mais e melhores ovos. Produzem melhores crias que são saudáveis e fortes, e têm músculos de poedeiras maiores. É por isso que é rentável acasalar aves locais com raças estrangeiras.

3. Para as galinhas transferidas para gaiolas em bateria, certifique-se de que as coloca com cuidado e delicadeza dentro das gaiolas. O tipo mais económico e sem stress são as gaiolas duplas, em que duas aves são colocadas numa gaiola. A desvantagem é que não se pode saber quais as aves que não estão a pôr ovos. Por isso, escolha aves de gaiola única e substitua-as à vontade. No entanto, as gaiolas individuais são mais caras e ocupam mais espaço.

NOTA: O programa de luz é uma nova luz artificial das 18h00 às 19h00, ou seja, 13 horas de luz.

SEMANA 22: ENTERRAR OS MORTOS HIGIENE

1. Inspecionar as galinhas e eliminar os doentes, os casos adiados e os marginais. O programa de luz da semana 22 é das 18 horas às 19.15 horas (13 horas no total). Uma ou duas galinhas já terão posto ovos. São as galinhas de maturação precoce.

2. Dê às aves metade de ração para adultos e metade de ração para poedeiras. Continuam a comer duas vezes por dia, mas a água é dada 3 vezes por dia.

3. Continuar a utilizar água limpa, exceto se houver um surto de uma doença.

4. Inspecionar as fechaduras e retirar as aves mortas, se as houver. Enterrar as aves mortas no solo. Não as deixar em montes de lixo.

5. As aves mortas transmitem mais doenças do que as vivas, por isso, é preciso estar atento.

SEMANA 23: RÁCIO DE PRODUÇÃO.

1. Neste momento, um pequeno número de aves que atingiram a maturidade mais cedo já pôs os seus primeiros ovos. Parabéns! Está no ativo.

2. Se tiver 50 ovos em 1000 galinhas, isso é suficiente para que as aves passem para o regime de poedeiras completas nas explorações avícolas mais pequenas. São necessários 10 ovos entre 100 aves antes de se passar para o regime de poedeiras. A luz artificial necessária durante a semana é das 18 horas às 19.30 horas.

3. Curar com um antibiótico durante os primeiros 3 dias! Utilizar Terramycin formular para aves de capoeira em água. Para aves em camas profundas, adicionar um pouco de aparas de madeira frescas por cima das velhas. \

4. Manter tudo limpo. Lave os bebedouros todas as manhãs e seque-os ao sol.

CAPÍTULO 8: PERÍODO DE POSTURA: DA SEMANA 24 À SEMANA 72

SEMANA 24: ALOJAMENTO DAS FRANGAS

Esta é a semana de produção. A maior parte das galinhas jovens (frangas) porá os seus primeiros ovos nesta semana, mesmo as que se desenvolvem tardiamente. Continue com 2 rações e 3 bebedouros por dia. Lave os comedouros e os bebedouros uma vez por dia. Mergulhe os bebedouros juntos num grande bunker de betão especialmente construído no exterior do galinheiro. Ponha os bebedouros de molho um dia antes. A imersão faz com que todas as rações velhas e endurecidas sejam removidas. Para o efeito, utilize uma escova de cerdas duras. No caso das gaiolas em bateria, desça todos os contentores de ração.

Uma vez por semana, esfregue-os bem. Deixe-os secar e volte a colocá-los no mesmo dia. Os tubos ou barras de água nunca devem ser deslocados. Limpar a água contida com uma pequena escova, recolhendo a água suja numa das extremidades dos recipientes. A luz é das 18 às 19.45 horas. O nível de proteínas desta semana é de 18 g.

SEMANA 25: NÍVEL DE NUTRIENTES

Certifique-se de que ajusta os níveis de nutrientes em condições severas (frio ou calor tropical). A gestão das condições ou as mudanças nas mãos da exploração podem afetar grandemente a ingestão total de alimentos. Isto deve ser observado e registado.

Tentar estimular o consumo de ração ou aumentar o nível de proteínas na ração. É mais barato aumentar a ingestão de proteínas do que aumentar a alimentação. Para complementar a sua adição de proteínas, adicione óleo de fígado de bacalhau, farinha de peixe extra ou farinha de soja. Qualquer um destes três elementos contribui para uma alimentação equilibrada. A luz é das 18:00 às 20:00 horas.

SEMANA 23: ALIMENTOS PROTEICOS

O método de alimentação é monofásico neste período de postura. Cada galinha deve ingerir pelo menos 18 g de boas proteínas por dia. Isto ajuda-as a pôr ovos com boa casca e de bom tamanho, bem como a obter uma produção de ovos de qualidade e de pico. A luz artificial deve ser dada das 18 horas às 20:15 horas. Forneça 1 a 3 kg de cálcio na ração de 25 kg por saco.

CHAPTER 9: : **CRIAÇÃO DE 100 PINTOS OU MAIS PARA A PRODUÇÃO DE OVOS.**

1. Limpe, lave e desinfecte cuidadosamente o galinheiro e o equipamento TRÊS SEMANAS antes da chegada dos pintos. Limpe as poças de água e certifique-se de que as paredes e o chão estão perfeitamente secos. Construa uma casamata de betão (90:90:60)cm no exterior do galinheiro.

2. Espalhe areia ou aparas a 1 saco (saco de ração de 25 kg) por 9 jardas quadradas, 90 cm2 ou use (por 100 pés quadrados) 3 000 cm2 . Isto dará (depois de espalhada) uma profundidade de 15 cm (6 polegadas) mas 7 ½ cm após 4 dias quando pressionada pelos pintos que correm sobre ela.

3. Dois dias antes da chegada dos pintos, feche as saídas de ar e de ventilação e feche todas as janelas.

4. Coloque as lâmpadas eléctricas a 300 cm de distância.

5. Coloque também as lâmpadas de infravermelhos a 8 cm acima do chão por baixo das

caixas. Utilize isto para as criadeiras.

6. Colocar caixas na sala; 1 caixa por cada 250 pintos.

7. Colocar uma moldura de cartão ou de cartão duro com 60 cm de altura, com cerca de 912 pés ou 360 cm. Deixá-lo sozinho nos trópicos.

8. Colocar 10 comedouros tabulares de forma uniforme e firme. Cada um deles circularmente rodeado e pressionado firmemente por todos os outros da ninhada.

9. Colocar no círculo, perto do centro, bebedouros de 50 litros de água (10 galões).

10. Se forem fornecidos bebedouros automáticos, estes devem ser ligados um dia após a chegada dos pintos; mas teste-os antes.

11. Nos restantes espaços, espalhe jornal.

12. No segundo dia em casa, espalhar o puré de frango no papel

para os pintainhos comerem. Este será o seu 3rd dia de incubação.

13. Ligar as luzes 48 horas antes da chegada dos pintos.

14. Pendure um termómetro de máxima e mínima em casa para ler as temperaturas todos os dias.

15. Quando o calor é superior a 100° F , abra algumas janelas para deixar entrar o ar. Quando o calor é inferior a 60° F , feche as janelas para aumentar a temperatura.

16. Quando os pintos chegarem, eliminar imediatamente os mais fracos. Nunca abrir as caixas nem libertar os pintos abaixo de uma temperatura de 60° F.

17. Quando o pinto está quente, come e bebe. O resto é observação diária e raciocínio.

18. Limpar os bebedouros e voltar a enchê-los diariamente.

19. No dia 4th , alargar a envolvente. (o invólucro de cartão).

20. Reduzir a temperatura lentamente, abrindo uma janela de cada vez.

21. Retirar os jornais espalhados sobre as aparas de madeira após 30 dias.

Nunca encher os comedouros com mais de 2/3 da capacidade.

22. Um por cento dos pintos morrerá. Os bons métodos de criação descritos neste manual permitem que, pelo menos, 95% dos pintos de um dia que pagou estejam aptos a entrar no galinheiro de postura. Poderá perder mais 1% durante o período de postura devido a circunstâncias imprevistas.

23. DEFEITOS NUTRICIONAIS: Para defeitos nutricionais, adicionar óleo de fígado de bacalhau à ração na proporção de 2 colheres de sopa para 25 kg de ração.

24. DOENÇAS: Verificar o aspeto dos dejectos. Procurar sinais de coccidiose, que se manifesta por uma água manchada de sangue.

25. Fornecer uma cama seca e dar Amprolium. O Amprolium e todos os medicamentos Amprol são eficazes.

26. Alguns galos têm drogas como as galinhas, por isso esteja atento e abata-os

(retirá-las) do meio das galinhas. Administrar-lhes uma dose de antibiótico, Terramycin, de duas em duas semanas para evitar qualquer doença inesperada na altura da produção.

27. TEMPERATURA: As temperaturas elevadas afectam negativamente a casca do ovo

qualidade. A qualidade da casca do ovo diminui naturalmente com a idade do bando. O horário de iluminação é das 18h às 21h45min.

SEMANA 27: MESES ESPECIAIS.

Concentre os seus esforços para melhorar a qualidade da casca dos ovos durante o tempo quente. Os danos são causados em junho, julho e agosto nos países temperados e montanhosos: dezembro e janeiro nas zonas florestais (precipitação de 150 a 360 cm); fevereiro, março e abril nas regiões semi-desérticas (precipitação de 90 a 110 cm);

dezembro, janeiro e fevereiro na maioria dos países tropicais e nas zonas de savana onde a precipitação se situa entre 110 cm e 150 cm. Verificar quais os meses aplicáveis ao seu estado/região e exploração agrícola a partir da lista acima.

Identifique a zona em que está a trabalhar e prepare-se para os possíveis danos causados aos ovos em cada estação. Consulte o mapa do atlas se não tiver a certeza ou peça a um amigo. A iluminação é efectuada das 18h00 às 12h00. Continue com os programas de água limpa e de alimentação.

SEMANA 28: BICARBONATO DE SÓDIO NA ALIMENTAÇÃO

A qualidade da casca é naturalmente melhorada no mundo tropical, reduzindo a quantidade de sal na ração para apenas 2%. Em seguida, adicionar ¼ lb (12 ½ g). Durante toda a semana, alimentar todo o bando com oxitetraciclina - 100 por tonelada de ração. Esta medida aplica-se apenas a casos agudos em que todos os outros tratamentos falharam. A casca dos ovos melhorará num instante, mas apenas durante um curto período de tempo, suficiente para as pequenas explorações avícolas. O horário de iluminação é das 18:00 às 22:15 horas.

SEMANA 29: EXPLORAÇÕES COMERCIAIS UTILIZAM CONCHAS DE OSTRAS

Tratou as galinhas que estavam a pôr ovos de má qualidade. Agora, para as grandes explorações comerciais, utilize 2/3 lb, 37 ½ g de concha de ostra e 1/3 lb, 25 g de calcário por saco de ração. Moa-os juntos ou separadamente e continue assim durante o resto do período de produção. O calcário pode ser obtido em qualquer fábrica de cimento. Os fabricantes de mosaicos podem fornecer-lhe conchas de ostras ou conchas de caracóis enroladas. Amasse-as e triture-as e a sua alimentação de cálcio estará completa. Não tente nada caro. Obtenha sempre a máxima eficiência com o mínimo custo. O horário de iluminação é das 18:00 às 22:30 horas.

SEMANA 30: VERIFICAR O NÍVEL DE DESEMPENHO

Esta semana, as suas galinhas completam 9 meses de idade. Muitas estão a pôr ovos há 3 meses e atingiram uma excelente produção. Foram desenvolvidas para um desempenho de topo. Podem atingir o seu máximo de produção na gaiola, na cama ou em quintais ao ar livre, se os programas de maneio, de recomendações nutricionais e de medicamentos anteriores forem seguidos semana a semana. É garantido que produzem o número máximo de ovos com a maior margem de lucro. Receberá ovos de alta qualidade por galinha - até às 74 semanas de idade. Mudar a cama esta semana. Não desinfetar, apenas limpar e colocar aparas de madeira frescas. Recolha os ovos 3 vezes por dia, imediatamente após a hora da alimentação. O horário de iluminação é das 18h às 22h45min.

SEMANA 31: PERÍODOS DE PONTA

A semana 31 é o início do segundo trimestre do período de postura. As galinhas começam a pôr ovos na semana 24 e deixam de o fazer na semana 74. Isto significa que a postura é contínua durante 50 semanas (11 meses e meio), seguida de 2 meses de repouso.

O horário de iluminação é das 18h00 às 23h00 e deve continuar todos os dias até à semana 72. Isto permite obter um máximo de 17 horas de luz (12 horas de luz do dia mais 5 horas de luz artificial). A partir desta semana, tudo é constante. O resto é por observação e repetição da alimentação e dos medicamentos. Após 6 meses de produção, aumentar o teor de cálcio da ração.

SEMANA 32: A ALIMENTAÇÃO PRECISA DE VITAMINAS

Tanto as poedeiras de cama funda como as poedeiras de gaiola em bateria requerem um puré menos concentrado.

Um teor de proteína animal de 15 ½ % no puré é suficiente. Acrescentar vitaminas A e B3 através da inclusão de 1 ½ % de óleo de fígado de bacalhau por cwt (112 lbs) de puré ou 15 kg ou 2 sacos de ração. Um método alternativo de fornecer estas vitaminas é a inclusão de 5% de farinha de erva na ração, vitamina do complexo B e muitos outros nutrientes. Dê água limpa normal e 17 horas de luz são suficientes.

SEMANA 33: A ALIMENTAÇÃO PRECISA DE CAL

Deveria ser fornecido mais 1% de calcário moído. Deveria ser adicionado cálcio à ração para aves mais pesadas. Adicionar sal à taxa de ½ % e 4 oz de sulfato de magnésio, se disponível. Dar água 3 vezes e alimentar duas vezes por dia. Apagar a luz às 23 horas.

SEMANA 34: MAIS HIDRATOS DE CARBONO E PEDRA

A percentagem de hidratos de carbono na ração deve ser de 60%, enquanto os cereais, se adicionados, não devem ser superiores a 10%. Adicionar sílex para facilitar a digestão. Deve ser dado separadamente e não ser adicionado à ração. Uma boa fonte de hidratos de carbono é a farinha de tapioca ou de mandioca. Administre o antibiótico Terramycin na água esta semana.

SEMANA 35: ALIMENTAR COM MENOS CEREAIS MAS MAIS PROTEÍNAS

Controlo da produção de ovos. Uma alimentação inadequada é a principal causa da fraca produção de ovos, e o erro mais comum é a alimentação com uma proporção excessiva de verdura. Quando a ingestão de cereais excede a quantidade de proteínas, o efeito das vitaminas e dos minerais é reduzido e a produção de ovos diminui. Dê óleo de fígado de bacalhau para aumentar o nível de proteínas da ração.

SEMANA 36: ADICIONAR LEITE NA ALIMENTAÇÃO

Se o leite estiver disponível em pó ou líquido, dê 5 litros (um galão) por cada 20 camadas. O leite equilibrará os cereais e também substituirá as proteínas animais, os minerais e as vitaminas - exceto a A e a B3. O leite deve ser dado ao bando de chocas e às galinhas em crescimento, assim como às poedeiras. Apagar a luz às 23 horas.

SEMANA 37: VERIFICAÇÃO DOS LUCROS E REGISTO

Verifique os seus registos. Analise-os cuidadosamente e descubra quantos sacos de ração as galinhas poedeiras e as outras galinhas comem, bem como quantos ovos são postos. Contacte as suas fontes de abastecimento de ração e compre a ração a granel para obter preços com desconto. Quase (85%) das poedeiras põem agora ovos, por isso contacte as mulheres e as empresas que fazem bolos para lhes vender todos os ovos partidos. Se forem quebrados mais ovos, volte a dar Minovet na ração. Uma colher de chá cheia de

Minovet em 1 saco (25 kg) de ração reduzirá as fissuras em 3 dias e acabará com elas em 5 dias. Deve misturar Minovet cuidadosamente na ração antes de a dar às aves.

SEMANA 38: MAIS PONTOS DE VENDA

As camadas foram colocadas continuamente durante 20 semanas e estão em plena forma. Entre em contacto com escolas, hospitais, colégios, universidades, hotéis e supermercados para obter vendas rápidas e um volume de negócios rápido. Seja flexível na sua abordagem e conceda descontos a estas instituições.

SEMANA 39: CANAIS DE DISTRIBUIÇÃO

A manutenção de registos continua. Vende os seus sacos de ração vazios? Não os dê, mas venda-os para reduzir os custos de alimentação. Continue a manter os registos e seja mais rigoroso com os empregados do que nunca. Se não os avisar, estará a incentivá-los a beber os ovos crus e a dá-los a familiares. Eles pensam na produção, mas não no custo, e exigirão um pagamento externo. Ser rigoroso é ser bem sucedido. Por isso, sejam rigorosos.

SEMANA 40: SEM VISITAS E SEM FUMAR

Evitar as visitas a todo o custo. Os visitantes, independentemente do seu estatuto social, nunca devem ser autorizados a entrar na casa de postura, mas devem observar as poedeiras através das janelas. É estritamente proibido fumar perto das poedeiras e em todos os galpões. Ser mais rigoroso com os familiares dos trabalhadores e não permitir que estes enganem os operários e os trabalhadores agrícolas.

SEMANA 41: CONTAS

A manutenção de registos é essencial para reduzir os custos. Os registos dão uma imagem exacta das despesas, do consumo de alimentos, da produção de ovos e dos custos de alimentação. Mantenha uma contabilidade útil das aves poedeiras, do consumo de ovos e de alimentos, dos medicamentos, dos custos de mão de obra e dos ovos dados a pessoas muito importantes (VIPs).

SEMANA 42-49: IMPORTAÇÃO-EXPORTAÇÃO, VENDEDORES OU AGENTES.

Encomendar o nosso manual de operações de importação e exportação para poder praticar

Importação e exportação de produtos. Empregar vendedores e outros trabalhadores agrícolas para espalhar as vendas por todo o lado. Tente exportar os seus produtos avícolas e a sua experiência para outros países, se precisar de dinheiro estrangeiro. Pode nomear um agente que cobrará apenas uma comissão. Este agente encontrar-lhe-á os pontos de venda onde poderá vender diretamente. Os seus vendedores podem cobrir o seu próprio país. Nunca nomeie vendedores no estrangeiro sem estudar os princípios da exportação no nosso guia passo a passo do manual de formação para empresas de importação e exportação, a fim de evitar erros comerciais que conduzam à perda de esforço, energia, tempo e dinheiro. Contacte-nos para obter mais informações sobre como importar ou exportar produtos avícolas de forma eficiente e rentável.

SEMANA 50: PROSPECÇÃO DO MERCADO

Pense em criar frangos de carne nas salas vazias. Calcule a procura de carne na sua área e no seu país. Determine como é que os frangos de carne serão vendidos e a que preço. Vender aves vivas em vez de aves preparadas. A maior parte das pessoas compra a ave pelo seu aspeto exterior. Algumas pessoas podem gostar de as pesar.

Tenha em conta que as aves de patas amarelas vendem melhor nas regiões tropicais e as aves de patas claras vendem bem nas regiões temperadas. Os pesos corporais desta semana devem situar-se entre 1,82 - 2,02 kg (4lb- 4,41 lb). A última pesagem é efectuada na semana 72. O peso corporal deve então ser de 1,900 - 2,10 kg (4,2- 4,6 lb)

CHAPTER 10: **CRIAÇÃO DE 1000 PINTOS OU MAIS PARA A PRODUÇÃO DE OVOS**

1. Limpe, lave e desinfecte cuidadosamente o galinheiro e o equipamento TRÊS SEMANAS antes da chegada dos pintos. Limpe as poças de água e certifique-se de que as paredes e o chão estão bem secos.

2. Espalhe a areia ou as aparas a 1 saco (saco de ração de 25 kg) por (jarda quadrada), 90 cm2 ou use 1 tonelada (por 100 pés quadrados) 300 cm2. Isto dará (depois de espalhada) uma profundidade de 15 cm, mas 7 ½ cm após 4 dias quando pressionada pelos pintos que correm sobre ela.

3. Dois dias antes da chegada dos pintos, feche todas as saídas de ar e de ventilação e feche todas as janelas. Coloque as lâmpadas eléctricas a 8 cm acima do chão por baixo das caixas. Utilize este valor para as criadeiras.

4. Colocar caixas na sala; 1 caixa por cada 250 pintos.

5. Colocar uma caixa de cartão ou de cartão duro com 60 cm de altura e cerca de 360 cm de comprimento à volta da criadeira no tempo frio, mas deixá-la sozinha nas regiões tropicais.

6. Colocar 10 alimentadores tabulares uniformemente no interior do círculo e pressionar com firmeza, cada um na ninhada.

7. Coloque bebedouros de 50 litros de água no círculo, perto do centro. Se forem

fornecidos bebedouros automáticos, estes devem ser ligados um dia após a chegada dos pintos. Mas teste-os antes.

8. Nos restantes espaços, espalhe jornal. No segundo dia no galinheiro, espalhe puré de pintos no papel para os pintos comerem. Será o terceiro dia de incubação.

9. Ligar todas as luzes 48 horas antes da chegada dos pintos.

10. Pendure um termómetro mínimo e máximo em casa para ler as temperaturas todos os dias.

11. Quando o calor for superior a 100° F , abra algumas janelas para deixar entrar o ar.

12. Quando o calor for inferior a 60° F , fechar as janelas para aumentar a temperatura.

13. Quando os pintos chegarem, elimine imediatamente os mais fracos.

14. Nunca abrir as caixas nem libertar os pintos abaixo de uma temperatura de 60° F (15° C).

15. Quando um pinto está quente, come e bebe, o resto é observação diária e raciocínio.

16. Limpar os bebedouros e voltar a enchê-los diariamente.

17. No dia 4th , alargar a envolvente (o recinto do cartão).

18. Reduzir a temperatura lentamente, abrindo uma janela de cada vez.

19. Retirar o jornal espalhado sobre as aparas de madeira após 3 dias.

20. Nunca encher os comedouros com mais de 2/3 da capacidade.

Um por cento dos pintos morrerá. Os bons métodos de criação e de criação descritos no presente manual permitem que, pelo menos, 95% dos pintos de um dia que pagou estejam aptos a entrar no galinheiro de postura. Durante o período de postura, poderá perder mais 1% por razões imprevistas.

Em suma, no máximo 90 em cada 100 pintainhos efectuarão a postura máxima. Quando algumas aves não põem, deve verificar as causas possíveis.

a. Defeitos nutricionais - Para defeitos nutricionais, adicionar óleo de fígado de bacalhau à ração à razão de duas colheres de sopa por saco (2 kg) de ração.

b. Doença - Verificar o aspeto dos dejectos. Procure sinais de coccidiose, que se manifesta por dejectos manchados de sangue. Fornecer uma cama seca e administrar Amprolium na água. Todos os medicamentos Amprol são eficazes.

c. Anomalia - Alguns galos têm corpos semelhantes aos das galinhas. Por isso, esteja atento e elimine-os (remova-os). Utilize Terramicina de duas em duas semanas para evitar qualquer doença inesperada na altura da produção.

CHAPTER 11: **COMO CONSERVAR OS OVOS E POUPAR DINHEIRO**

Os ovos são um dos poucos alimentos ricos em proteínas disponíveis. Os ovos constituem um elemento importante na nutrição humana. Substituem a carne em muitos lares e podem ser utilizados em dietas especiais para crianças e vegetarianos.

Os ovos podem ser utilizados de várias formas: cozidos, fritos ou escalfados. Quase 95% das pessoas no mundo gostam de comer ovos, que são um ingrediente essencial em bolos, pudins e salgados. Os ovos deveriam ser uma das reservas alimentares mais importantes da despensa. A procura de ovos aumentará de ano para ano devido à segurança do abastecimento e ao aumento da população.

Para tirar partido dos preços elevados e das flutuações sazonais, é aconselhável aprender as técnicas de conservação dos ovos em tempo de abundância e assegurar um abastecimento constante e generoso de ovos para uso doméstico. Para conservar os ovos na perfeição, é necessário ter habilidade, engenho e conhecimentos sólidos. A qualidade dos ovos no final do período de conservação depende principalmente dos cuidados que se prestam à sua seleção para conservação.

Para obter um resultado de conservação perfeito, prestar atenção às seguintes regras:

1. Os ovos a conservar não devem ter mais de 24 horas de idade após a postura.
2. Os ovos devem estar isentos de fissuras.
3. Os ovos devem ter uma casca forte e sem manchas.
4. Os ovos de casca mole e fina não devem ser conservados.
5. Os ovos devem estar limpos.
6. Os ovos nunca devem ser lavados com água, porque a casca é porosa.
7. Não congelar os ovos, pois o conteúdo expandir-se-á e partirá a casca. O ovo contém cerca de 60 % de água e, ao ser congelado, a água aumenta de volume.
8. Conservar os ovos em conserva num local fresco e arejado.
9. Guardar os ovos num recipiente com tampa. Cobrir o ovo com papel de cera ou folha de alumínio antes de o fechar bem.
10. Antes de cozer qualquer ovo fresco ou conservado, furar a extremidade grande com

um alfinete para deixar sair o ar e evitar que a casca se parta na água quente.

11. Em caso de dúvida sobre o seu estado, é preferível fritar ou mexer os ovos em conserva.

MÉTODOS PERFEITOS PARA A CONSERVAÇÃO DOS OVOS

A. COM MANTEIGA: O método mais fácil de conservar os ovos durante curtos períodos de tempo é untá-los com manteiga. A casca do ovo é porosa e permeável ao líquido. Por conseguinte, só se deve utilizar manteiga fresca de boa qualidade. Os ovos também devem ser frescos.

PROCEDIMENTO:

1. Esfregue uma pequena quantidade de manteiga na palma da mão.

2. Colocar o ovo fresco numa palma e colocar a outra palma em cima do ovo entre as duas palmas, certificando-se de que toda a casca fica coberta de manteiga.

3. Coloque os ovos com manteiga de cabeça para cima e guarde-os num local fresco. Conservar-se-ão frescos durante dois meses.

B. UTILIZAÇÃO DE BANHA DE PORCO E PÓ BÓRICO

1. Comprar banha de porco e pó bórico. Misturar 2 partes de banha de porco e 1 parte de pó bórico (ácido borácico).

2. Cobrir uniformemente um ovo de cada vez com uma camada fina da mistura.

3. Cobrir toda a casca e repetir o processo até que todos os ovos estejam cobertos.

4. Coloque os ovos num tabuleiro com a parte estreita para baixo e a parte larga para cima.

5. Conservar os ovos numa caixa ou num tabuleiro com uma boa circulação de ar.

6. Armazenar num local fresco e seco com bastante ar.

7. Os ovos mantêm-se frescos durante um período máximo de dois meses. Enrolar suavemente o ovo.

C. POR SILICATO DE SÓDIO.

Este método provou ser o mais eficaz. A solução recomendada é (1lb) de silicato de sódio (copo de água) para 1 galão de água, ou seja, 50g para 5 litros de água é (1/2 kg para 5 litros). Talvez a melhor solução de conservação seja uma mistura mais fraca de (1lb), ½ kg de silicato de sódio para (1 ½ galões) 7 ½ litros de água.

PROCEDIMENTO:

1. Adicionar o (copo de água), o silicato de sódio à água a ferver.

2. Misturar bem, mexendo.

3. Deixar arrefecer a solução. O resultado final é o conservante.

4. Guardar a solução num balde.

5. Colocar os ovos frescos no conservante no primeiro dia de postura.

6. Colocar cerca de 120 ovos (10 dúzias) num balde grande ou num recipiente com o conservante.

7. A camada superior dos ovos deve estar 2,5 cm abaixo da superfície do líquido conservante. Os ovos serão conservados durante o tempo necessário (para os vender).

D. POR ÁGUA DE CAL

1. Misturar (2 ½ lb) 1,25 kg de cal apagada fresca em (5 galões) 22,5 litros de água fria e limpa.

2. Mexa a mistura frequentemente até dissolver.

3. Deixar repousar durante 12 horas.

4. Deitar fora o líquido limpo do topo.

5. Isto forma os conservantes.

6. Recolher várias dúzias de ovos e mergulhá-los no líquido de conservação.

7. Assim, os ovos serão conservados durante o tempo necessário (para os vender).

E. OVOS INTEIROS POR ULTRACONGELAÇÃO

1. Partir alguns ovos para ferver e bater ligeiramente.

2. Adicionar ½ colher de chá de sal ou 2 colheres de sopa de açúcar.

3. Verter em sacos de plástico separados e guardar no congelador.

PARTE DOIS: PRODUÇÃO COMERCIAL DE FRANGOS DE CARNE

CHAPTER 12: **FRANGOS DE CARNE, OUTRA FONTE DE RENDIMENTO**

Os frangos de carne são frangos jovens que pesam entre (2 ½ - 4 ½ lbs) 1-2 kgs de peso vivo. Os frangos de carne são frangos especiais de crescimento rápido criados para a produção de carne. A maior parte deles é vendida com 54 semanas de idade, o que faz deles a atividade mais rentável de qualquer empresa.

Os seus corpos são mais carnudos e têm poucos ossos. Os frangos de carne atingem entre (3-4 lbs) 1.4-1.8 kgs de 8 ¾ a 10 semanas. Deve haver espaço num galinheiro com cama funda e com bastante espaço para que se sintam confortáveis.

Para obter o maior lucro dos frangos de carne, existe um novo segredo chamado "O método cooperativo". Iniciar os lotes de pintos de um dia com um mês de intervalo. As grandes explorações comerciais podem utilizar um intervalo de 2-3 semanas. Quando se utilizam cercas de cartão, estas devem ser retiradas após 7 dias.

A. PRODUÇÃO ORGANIZADA

São necessários 3 edifícios separados, mas 2 edifícios são suficientes, consoante a quantidade de aves. O primeiro galpão é para as criadeiras, o segundo para a recria e o terceiro é o galpão de crescimento e comercialização. No galinheiro de criação, espalhe material de cama fresco - pó de serra, areia, aparas de madeira ou fibras de casca de arroz - no chão do galinheiro. A areia fresca deve ter 2 cm de profundidade e estar seca e as outras camas devem ter 3 polegadas (8 cm) de profundidade.

Preparar o quarto da mesma forma que para os outros pintos. Desinfetar durante 3 semanas antes da chegada dos novos pintos de um dia. Sirva água em recipientes limpos e tapados (bebedouros) 24 horas antes da chegada das aves. Dê-lhes água em abundância. Eles precisam de água exatamente como os outros pintos de um dia.

É necessária uma temperatura de 95° F na sala de frangos de carne de um dia. Baixar esta temperatura após 4 semanas.

Abrir algumas janelas a partir da 4ª semana. Se os pintos se amontoarem, é sinal de que estão a ter frio. Se se amontoarem contra a parede e a porta, é

é um sinal de que estão muito quentes. Isto indica que deve abrir todas as janelas e portas.

Desossar os pintos após 1 semana. Fornecer uma lâmpada vermelha de qualquer tipo para evitar lutas e canibalismo entre as aves.

Reduzir a temperatura utilizando lâmpadas eléctricas de menor densidade. Quanto menor for a densidade do calor, menor será a luta entre as aves.

MÉTODOS DE ALIMENTAÇÃO.

Só devem ser utilizados 2 tipos de alimentos para animais.

1. Nunca faça o seu próprio puré de frango. Deixe isso para os especialistas. Alimente os frangos de carne com o puré de arranque entre 1 dia e 4 semanas de idade.

2. Após 4 semanas, transferir as aves para outra divisão, se necessário.

3. A partir da semana 5, as aves são alimentadas apenas com puré de frango de engorda. As aves vivem desta alimentação até à 14th semana em que são vendidas.

4. Muitas vezes por dia, a partir de um dia de idade, dar água e comida.

5. A água deve ser regular e atempada. Os frangos de carne não são como os pintos vulgares, não gostam que lhes falte a comida e a água desde um dia de idade até aos 7 dias.

6. Espalhe a ração num jornal por cima da cama.

a. Suponhamos que produz 100 frangos para cada venda por mês, num ano, 12 meses, vende 1.200 frangos e se cada um for vendido a 4 dólares, então 1.200 x 4 = 4.800 dólares. Ou seja, num ano, 4.800 dólares de receitas provenientes do seu hobby. Quanto aos seus custos, em 14 semanas, as suas 500 aves comerão 490 dólares de ração.

Num ano, haverá 3 grupos, pelo que 490 x 3 = 1.470 dólares de ração. Isto significa que o seu lucro líquido de 1200 frangos de carne num ano será de 14.530 dólares; (4.800 dólares - 1.470 dólares).

b. Se aumentar o número de aves, aumenta a sua margem de lucro. Um homem de negócios de pequena escala tem 3 casas, cada uma contendo 1.000 frangos de carne, pelo que há um total de 3.000 frangos de carne vendidos a 4 dólares cada. 3.000x 4 = $12.000 em cada venda. Mas lembre-se que há 3 vendas num ano, por isso o rendimento é de $12.000 x 3 = $36.000 (Trinta e seis mil dólares) por ano.

c. Suponhamos que decide dedicar-se a esta atividade profissionalmente e construir 5 casas. Se cada casa contém 1 000 frangos de carne, então 1 000 x 5 = 5 000 frangos de carne em cada venda. Num ano, terá 3 vendas, pelo que 5.000 x 3= 15.000 frangos por ano. Se vender cada frango a $3, obtém 15.000 x 4 = $60.000 por ano. No negócio das aves, o céu é o único limite. Pode ganhar todo o dinheiro que quiser. Só precisa de ter alguns cuidados e de seguir sistematicamente, passo a passo, o guia apresentado neste manual.

CHAPTER 13: **FRANGOS DE CARNE - EFICIÊNCIA MÁXIMA**

A eficiência máxima é bastante difícil se vários grupos etários estiverem juntos num mesmo galinheiro. As doenças acumulam-se facilmente e propagam-se mais rapidamente das aves mais velhas para as mais novas. É aconselhável e rentável criar os seus frangos de carne em grupos etários. Os tipos adequados de pintos são essenciais para uma produção diferente de frangos de carne. Se possível, compre os seus pintos do dia a boas empresas privadas. As aves seguintes crescem mais rapidamente: HUBBARD, COBB, PILCH E HÍBRIDAS. As raças cruzadas locais e estrangeiras produzem um excelente crescimento.

1. As aves devem crescer rapidamente e converter melhor e mais eficazmente os alimentos.
2. Devem ter uma boa largura do peito e estar bem arrumados.
3. Devem ser de plumagem rápida para evitar a bicada das penas.
4. Os pés devem ser amarelos nas regiões tropicais e pálidos/brancos nas regiões temperadas.
5. Os progenitores devem ser bons poedeiros, com mais de 240 ovos por época. A descendência das aves de capoeira acima referidas cresce rapidamente.

COMPOSIÇÃO DOS ALIMENTOS

São necessárias rações especiais para frangos de carne para que cada um deles possa crescer mais rapidamente e converter os alimentos de forma eficiente. Os frangos de carne de crescimento rápido requerem um nível mais elevado de energia, proteínas, vitaminas e minerais do que o nível requerido pelas frangas e outras galinhas destinadas à produção de ovos. Não se deve alimentar os frangos de carne com rações normais e esperar obter bons resultados. Uma ração típica para frangos de carne pode consistir em 65% de alta energia, farinha, tapioca (milho amarelo) e 35% de proteínas. Acrescentar vitamina K e D, bem como uma pequena quantidade do seguinte:

a. Vegetais verdes.

b. Minerais.

c. Antibióticos.

d. Levedura seca.

e. Vitamina E (metionina)

f. Banha - Aumenta o teor energético da ração (antioxidante).

Alimentar a ração de arranque até aos 35 dias de idade antes de mudar para a ração de acabamento.

HABITAÇÃO

Só é necessário um galinheiro especial para uma unidade de frangos de carne de grandes dimensões. Qualquer edifício pode ser convertido para o efeito. Os galinheiros para frangos de carne devem medir (4 ½ a 5 pés) 135-150 cm até às extremidades e (10 pés), 500 cm do nível do chão até à gaiola. O espaço de farinha por ave é de 15 cm2 para os pintos e de 30 cm2 para os adultos. Para obter bons resultados, os frangos de carne necessitam de um galinheiro bem ventilado.

Se a temperatura for inferior ao nível normal de 90° F, então as galinhas necessitarão de alimentação suplementar para manterem o seu calor corporal. Utilize um telhado de ferro ondulado, pois este repele a maior parte do calor. Os asbestores retêm o calor durante períodos mais longos.

GESTÃO COM FINS LUCRATIVOS

Na produção comercial de frangos de carne, o produtor deve estar bem familiarizado com os cuidados e a gestão dos pintos. Antes de se iniciar um projeto de criação de frangos de carne, é desejável que se obtenha experiência e competência numa unidade existente que seja gerida de forma rentável. Qualquer pessoa treinada para tratar de pintos normais pode tratar de pintos de carne.

No entanto, os grandes números de aves criadas em conjunto para fins comerciais têm alguns requisitos especiais e específicos. Verificar e colocar sempre cama fresca perto dos bebedouros para cobrir as zonas húmidas, pois a cama húmida aumenta a incidência de doenças. Mudar a cama entre cada lote para eliminar os ovos da coccidiose e da lombriga. Se a cama fresca for dispendiosa, pode utilizar a cama velha várias vezes, desde que siga estas instruções. Amontoe a cama velha durante 3-6 horas para aquecer e depois espalhe-a de novo, virando-a cuidadosamente.

CUIDADOS DIÁRIOS DE ROTINA

É necessário vigiar atentamente os frangos de carne, de modo a que qualquer retrocesso súbito de crescimento possa ser imediatamente detectado.

6. O primeiro sinal de retrocesso é a redução do consumo de água. Quando o consumo de água é menor, é de esperar que surjam problemas, doenças ou enfermidades.

7. Uma menor ingestão de alimentos é outro sinal de perigo.

8. Os contratempos podem ser devidos a coccidiose, lombrigas, deficiências alimentares, má ventilação ou pneumonia.

9. Os avicultores experientes aperceber-se-ão, pela sua experiência com as aves, se estas estão a desenvolver doenças.

10. Administrar antibióticos suplementares, como a terramicina formular para aves de capoeira, para prevenir doenças.

11. Identificar a doença e prescrever um medicamento adequado. Os antibióticos não curam algumas doenças.

12. As bicadas de penas são superadas por luzes fracas ou lâmpadas vermelhas.

13. Uma alimentação inadequada, água ou espaço para beber inadequados e rações desequilibradas conduzem ao stress. O stress leva à debicagem das penas, o que conduz ao canibalismo e reduz o crescimento.

14. O pó, as teias de aranha e a penugem não devem permanecer nos quartos.

15. Raspar todos os alimentos velhos e qualquer material endurecido dos comedouros.

16. Como rotina, todos os acessórios e o chão devem ser molhados e

esfregar com uma solução de hipoclorito a 4%. Adicionar um pouco de detergente à solução (hipoclorito e HClO3 da lixívia doméstica).

17. Para curar a coccidiose, lave novamente o chão com uma solução de amoníaco a 10%. O amoníaco é perigoso, por isso use uma máscara no nariz quando estiver no galinheiro.

18. Pode utilizar o Izal como detergente no galinheiro.

19. Se ocorrer um surto grave e perigoso de doença, desinfecte a casa. Água quente corrente é suficiente.

20. Misturar permanganato de potássio e formalina para gerar gás de formalina na divisão. São necessários apenas 20 g de formalina por metro cúbico e 2 onças fluidas por 100 pés cúbicos em edifícios de 1200 pés cúbicos (340 metros cúbicos).

AVISO: Os compostos de permanganato de potássio e formalina reagem violentamente, se misturados incorretamente. Ter cuidado ao misturá-los. Quando o surto da doença tiver ocorrido, remover a cama e queimá-la. Mergulhar o recinto (se não estiver cimentado) em 1 pint (0,5 litros) de formalina para 15 galões (75 litros) de solução de permanganato de potássio. Deixar todas as casas em repouso durante 2 semanas após o tratamento.

CHAPTER 14: **TRANSFORMAR O HOBBY EM NEGÓCIO: INICIAR 1.000 FRANGOS DE CARNE OU MAIS.**

CASA E EQUIPAMENTO: É o que é necessário para evitar problemas.

1. É necessária uma casa com uma área útil de 70 m2 .
2. São necessários cerca de 1000 pintos do dia para frangos de carne.
3. Fechar todas as janelas e fixar as luzes da casa.
4. O cartão - surround ou qualquer caixa pode ser utilizado para a sua proteção contra o pânico.
5. São necessários bolbos vermelhos fixados a 8 cm de altura do solo.
6. 10 bebedouros: (1 galão) são necessários 4,5 litros.
7. 6 bebedouros: (6 pés) 1,8 cm de tamanho acessíveis de todos os lados da sala devem ser fornecidos.
8. São necessários 36-40 comedouros tabulares: (3 polegadas) 76 cm de calha por ave.
9. Deve ser construída uma casamata de betão de 90 x 90x 60 cm fora do aviário para afundar os bebedouros.

ALIMENTOS NECESSÁRIOS

1. 1 ½ tonelada (1,27) de alimentos para frangos de carne (migalhas)
2. 3 ½ ton (3,2 toneladas) de puré de frango (pellet).
3. 50 lb (25 kg) de areia de galinheiro (grão de granito), se desejado.

PROCEDIMENTO

1. Limpar e desinfetar a casa antes e depois da utilização.
2. Deixar a casa a descansar 2 semanas após a limpeza.
3. Colocar (4 polegadas) 10 cm de material de cama (aparas de madeira, areia, etc.) no chão.
4. Acender a luz 48 horas antes da chegada dos pintos e colocar a água 24 horas antes da chegada dos pintos.
5. Feche todas as janelas durante os primeiros 7 dias e abra-as todas após 4 semanas.
6. Dar apenas água aos pintos no 2nd dia e ração no 3rd dia.

7. Colocar a alimentação dos pintos em papel durante os primeiros 4 dias.

8. Inspecionar as aves à noite, depois de elas se terem instalado para dormir.

9. Abrir uma janela de cada vez após 7 dias.

10. Mudar gradualmente os comedouros no final dos primeiros 7 dias.

11. Manter os comedouros meio cheios.

12. Retirar e esfregar os alimentos endurecidos dos bebedouros.

13. Inspeccione as galinhas frequentemente - todas as manhãs e sempre que as alimentar.

14. Verificar e anotar os alimentos consumidos pelos pintos por dia e por semana.

MÉTODOS DE PRODUÇÃO EFICIENTES

A máxima eficiência é essencial para obter um enorme lucro com os frangos de carne e para permitir um aumento da produção para o mercado. A eficiência máxima resulta de uma criação correta, de pintos de boa qualidade, de rações equilibradas, de alojamento e, acima de tudo, de uma gestão competente. Quando estes factores são combinados a favor do gestor avícola, o resultado é excelente. Esta combinação permite:

1. Baixos custos de produção.

2. Os lucros são elevados mesmo com preços de mercado baixos.

3. Os resultados são medidos pelo peso vivo das aves e pelo menor consumo de alimentos.

4. A taxa de conversão alimentar torna-se a melhor do sector.

5. A rotação é muito rápida (apenas 14 semanas).

6. Mesmo um pequeno lucro por ave (peso vivo) permite obter um elevado rendimento global do dinheiro investido.

7. Grande parte do lucro depende da gestão da alimentação, da eficiência da conversão alimentar e do peso vivo. O peso vivo é parte integrante da conversão alimentar e, no entanto, os dois variam completamente. Ambos dependem da eficiência do avicultor e da sua capacidade, habilidade e sucesso na aplicação dos princípios delineados neste manual.

8. Se a mortalidade for mantida a um nível baixo e os outros custos forem fixados, metade da batalha está ganha.

9. Os custos de mão de obra são muito baixos quando comparados com os custos de alimentação. O custo de um avicultor qualificado é reembolsado a curto prazo, pelo que se deve procurar a eficiência da mão de obra em vez do mero conhecimento de aves de capoeira.

CHAPTER 15: **CRIAÇÃO DE GALOS MAIORES COM FINS LUCRATIVOS**

Nos países tropicais, é muito mais económico produzir galos para ocasiões festivas do que para o mercado. Para produzir galos rentáveis, deve prestar-se atenção sobretudo ao seu tamanho e peso, que devem ser muito superiores aos das galinhas da mesma idade. O peso de um galo adulto adequado é muito superior ao dos frangos de carne. O peso médio dos frangos de carne é de (3 ½ ou 4lb) 2kg . Para atingir este nível exigido, deve tentar adotar métodos intensivos durante as 14 semanas de vida. Os frangos de carne são comercializados com 14 semanas de idade. O método intensivo não é essencial, uma vez que existem outros métodos alternativos.

É possível atingir o mesmo peso máximo em liberdade e em meios semi-intensivos. O que é importante é chocar os pintos na altura certa, de modo a que atinjam o peso necessário para o Natal entre os cristãos e para o Sallah no mundo muçulmano. Estas épocas e outras, como a Páscoa, são períodos de grande expansão do mercado. Prepare-se e esteja pronto para eles.

COCKERELS

Os galos de boa raça atingem facilmente o seu peso vivo de (8 lb) 4kg quando têm 20 semanas de idade. Devem então ser vendidos para compensar a taxa suplementar exigida para as frangas que entram no galinheiro de postura. Os galos não devem ser mantidos para além das 20 semanas de idade quando estão sob cuidados intensivos. Se os seus galos estiverem ao ar livre, pode deixá-los sozinhos a alimentarem-se na exploração. Os galos que se destinam a um determinado mercado devem ser agrupados 20 semanas antes.

Por exemplo, para as vendas de Natal, os pintos da exploração ao ar livre como galos devem ser endurecidos no mês de junho anterior. Por exemplo, para as vendas de Natal, os pintos da exploração agrícola ao ar livre como galos devem ser endurecidos no mês de junho anterior. Por exemplo, pode decidir utilizar a sua garagem de 750 - 300 cm (25 x 10 pés), o que dá 7, 500 cm em (2, 000 sq/ft x 20) 500 dias de idade. Se as aves forem colocadas no galinheiro de criação intensiva, devem ser chocadas em julho, a fim de satisfazer as necessidades do Natal. O mundo muçulmano tem épocas festivas que caem em agosto e outubro quase todos os anos.

ALIMENTAÇÃO

É aconselhável alimentar primeiro os galos com uma dieta especial porque a dieta ajuda a produzir um crescimento mais rápido. A papa normal para frangos deve ser dada às galinhas / galos durante 8 semanas. Isto é essencial e, após essa idade, continue com o puré de crescimento.

TERCEIRA PARTE: DOENÇAS DAS AVES DE CAPOEIRA, MEDICAMENTOS E VACINAS.

CHAPTER 16: **RESUMO DA CIÊNCIA DO MANEIO DAS AVES DE CAPOEIRA**

Quando se começa a criar aves de capoeira, a coisa mais importante a fazer é escolher o local. Prepare o local com aparas de madeira antes de espalhar a cama. Para saber quantos pintos de um dia são necessários, basta medir o comprimento da sala e respirar 15 cm2 por ave.

Por exemplo, pode decidir utilizar a sua garagem para 2700 aves. Desse número, espera-se que 10% morram, o que corresponde a cerca de 270 aves. As restantes podem ficar na garagem até ao fim do seu período de postura.

Quadro 3: Quadro de produção durante todo o ano

HATCHING DATA	CHICKS	COMERCIALIZAÇÃO DE FRANGOS DE CARNE	MARKETING COCKERELS	CAMADAS	COMPLETO PRODUÇÃO
janeiro	fevereiro	abril	junho	junho	junho - novembro
fevereiro	março	maio	julho	julho	julho- dezembro
março	abril	junho	agosto	agosto	agosto - janeiro
abril	maio	julho	setembro	setembro	setembro - fevereiro.
maio	junho	agosto	outubro	outubro	outubro - março
junho	julho	setembro	novembro	novembro	novembro - abril
julho	agosto	outubro	dezembro	dezembro	dezembro - maio
agosto	setembro	novembro	janeiro	janeiro	janeiro - junho
setembro	outubro	dezembro	fevereiro	fevereiro	fevereiro - julho
outubro	novembro	janeiro	março	março	março - agosto
novembro	dezembro	fevereiro	abril	abril	abril - setembro

dezembro	janeiro	março	maio	maio	maio- outubro
Crianças de um dia	4 semanas	12 semanas	20 semanas	52 semanas	12-15 semanas

NOTA: Estas épocas e períodos não são estáticos. Algumas crias de janeiro podem pôr os seus primeiros ovos em maio e não em junho. O período de crescimento não começa e termina em 12 semanas. Pelo contrário, é contínuo desde o dia da eclosão até ao final da época. Estes nomes são dados apenas para identificação dos períodos. Existe um período de repouso antes do mês de 12th , que é o ponto de partida da segunda época de postura.

O ciclo de vida da galinha termina no final da segunda época, ou seja, 15 meses nas regiões tropicais, mas nos países temperados são acrescentadas mais 2 semanas.

Nas regiões temperadas do mundo, a galinha pára de pôr às 52 semanas, enquanto que nos países tropicais, o período é de 72 semanas. Em função do programa de iluminação recomendado no presente manual, o pico de produção será o seguinte

1. Regiões quentes/secas; 50 % dos ovos são postos com 30 a 36 semanas de idade.
2. Locais mais frios; 90% dos ovos são postos com 25 a 30 semanas de idade.

A idade de maturação de 50% da produção é de 30 a 36 semanas de idade nas regiões tropicais e de 25 a 30 semanas nas regiões temperadas.

PREPARAÇÃO PARA OS RECEBER

Depois de espalhar as aparas de madeira no local, cobrir o chão, por cima da cama, com jornais velhos. Um dia antes de espalhar a cama, lavar e desinfetar o local com qualquer desinfetante, por exemplo Dettol ou Izal.

Quando acabar de espalhar o papel no chão, coloque a água nos bebedouros. Cada 100 pintainhos necessitarão de 5 litros de água (1 galão de água). Os bebedouros devem ser espaçados a 90 cm da parede e uns dos outros. A água deve estar na sala 24 horas antes da chegada dos pintos.

Seguem-se as luzes, que devem ser colocadas no teto ou na parede, com uma distância de 300 cm entre si.

UMA CAIXA DE BROODER.

Trata-se de uma caixa com a extremidade oposta aberta e um orifício na outra extremidade. Uma lâmpada de 25 watts é fixada no interior da caixa. A caixa deve ser apoiada em dobradiças (3m) a 5 cm da cama. De preferência, utiliza-se uma lâmpada vermelha por baixo das caixas. Não existe um tamanho específico para uma caixa de criação, mas deve ser suficientemente espaçosa para as aves.

CAPÍTULO 17: DOENÇAS COMUNS DAS AVES DE CAPOEIRA

1. ASPERGILOSE: Trata-se de um fungo proveniente de alimentos húmidos, água contaminada e alimentos velhos que afecta as vias respiratórias e provoca pneumonia. A sua taxa de mortalidade é de 50% nos pintos e de 55% nas frangas. Para a prevenção, evite as camas com bolor e mantenha uma boa higiene geral. Isto é muito importante.

2. SALMONELOSE (BWD): A diarreia branca bacilar é uma doença mortal. Os dejectos da ave são aquosos com um branco aguado na extremidade. É hereditária. Evite-a através de boas práticas de higiene e de saneamento. Eliminar o odor no galinheiro.

Os excrementos esbranquiçados e pegajosos bloqueiam o respiradouro, causando a morte entre o primeiro e o terceiro dia de vida. Nos pintos com barriga de pote, utilizar furazolidona.

3. VERMES: Para os vermes, o tratamento é feito com um composto de piperazina. É muito eficaz contra os grandes vermes redondos.

4. CANNIBALISMO: Começa com o stress, a falta de alimentação e uma temperatura demasiado elevada na sala. A causa imediata é a bicada que conduz diretamente ao canibalismo. Pendure uma lâmpada eléctrica vermelha, 5 cm acima do solo, no galinheiro para acabar com o canibalismo entre as aves. Utilizar qualquer luz vermelha.

5. TIFOIDE DAS AVES: Trata-se de uma doença muito contagiosa entre as aves de capoeira. Teve origem e foi descoberta na região de Kikuyu, na África Oriental. É designada por doença das galinhas Kikuyu na África Oriental. A mesma doença é conhecida internacionalmente como a segunda doença. A ave fica sonolenta, perde o apetite e fica com muita sede, embora se recuse a beber.

A ave doente fica com a cabeça perto do corpo. Os fios do pente da ave macho tornam-se pálidos e escuros em casos graves. O melhor sintoma é que a ave expele excrementos líquidos, esverdeados e amarelos.

Estas aves morrem de 2 a 6 dias. A doença é infecciosa para outras aves de capoeira. Até à data, não existe uma cura eficaz, exceto queimar a ave morta.

Os chineses vieram em nosso auxílio com o FURADIS 25 (ver Módulo 17). O furazolidon na água faz o mesmo trabalho. O tifo aviário é uma doença aguda que afecta as aves domésticas e causa perdas consideráveis. Está associada a uma má higiene. Pode ser trazida para dentro do galinheiro por uma ave portadora através dos excrementos que contaminam o solo, os galinheiros, as camas, os alimentos e a água. É frequentemente introduzida por ratos e ratazanas. Aparece devido a mudanças bruscas de tempo.

SINAIS: A ave torna-se afiada e baça, com a raça a descer para o corpo. As penas eriçam-se e o pente e os barbilhões tornam-se vermelho-escuros ou vermelho-claros. As aves sentem uma sede intensa mas recusam-se a beber.

SINTOMAS : Há uma passagem de excrementos líquidos malcheirosos de cor amarelo-enxofre ou amarelo-esverdeado. A mortalidade é de 50%.

PREVENÇÃO: Vacinar contra o tifo aviário aos 6 meses de idade.

CONTROLO: Todas as aves doentes devem ser retiradas e as restantes aves devem receber sulfaquinolina na água ou furazolina na ração. Os germes são destruídos por desinfetante em spray. A furazolina é eficaz.

6. OMPHALITIS: É uma doença da incubadora. Trata-se de uma infeção do umbigo causada por uma temperatura de incubação incorrecta. A morte dá-se nos primeiros 7 dias. O tratamento não é necessário, pois a morte é inevitável.

7. SÍNDROME FÍGADO - RIM (DOENÇA COR-DE-ROSA): A doença cor-de-rosa é o nome comum. A autópsia revela que o fígado e o rim estão infectados.

TRATAMENTO: A fome durante os primeiros 2 dias e muita água ajudam a travar a doença. A autópsia mostra uma forte disposição do fígado devido ao stress.

8. TREMORES EPIDÉMICOS: Esta doença é causada a partir do ovo e infecta ligeiramente os pintos de um dia. Surge na semana 23-24 e é uma doença mortal. A prevenção é feita com antibióticos entre as semanas 20 e 22. Uma vacina aprovada contra os reprodutores é satisfatória.

9. ARTICULAÇÕES: A claudicação e as articulações inchadas podem dever-se a problemas nutricionais. Pode também dever-se a uma infeção como o Staphylococcus e/ou o Mycoplasma. Quando se trata de um problema nutricional, deve adicionar-se óleo de fígado de bacalhau à ração. Quando se deve a uma infeção, o tratamento é a Aureomicina ou a Terramicina a um nível baixo de 100 g por tonelada de ração. Colocar uma ligadura na articulação para a apoiar.

10. DESORDEM NUTRICIONAL: Uma alimentação desequilibrada provoca a doença do pinto louco, raquitismo, perose (escorregamento da tenra), meias inchadas, crescimento retardado e plumagem deficiente. Não deve ser adicionado calcário à composição da ração.

Dar mais alimentos proteicos, por exemplo, sementes e folhas de soja.

11. Bicagem das penas e da pele: A bicagem das penas é comum

entre aves em confinamento fechado. É causada por uma ALIMENTAÇÃO DE UMA SÓ FORMA. Também é causada por um excesso de amido na ração. Pode também ser causada pela falta de outros ingredientes da ração, por exemplo, vitaminas e/ou minerais.

TRATAMENTO:

1. Fornecer alimentos verdes, polvilhar as aves com fluoreto de sódio ou uma mistura de cinzas de madeira e enxofre.
2. A parte afetada da ave deve ser tratada com enxofre e vaselina, óleo ou vaselina.
3. Aumentar os minerais na alimentação.
4. Adicionar óleo de fígado de bacalhau à ração durante 10 dias.

12. PATAS ESCAMOSAS: As escamas das patas das aves aparecem efetivamente levantadas com alguma ferrugem branca nas patas. As patas parecem sangrar. É causada por formigas brancas que fazem buracos nas patas e debaixo das escamas. A doença aparece quando as aves são criadas em condições insalubres.

TRATAMENTO

1. Utilizar uma pomada com a mesma quantidade de pó de enxofre nas pernas afectadas.
2. Em casos graves, mergulhar a perna afetada em parafina (querosene).

13. DOENÇA DA COMBE BRANCA: É uma doença causada por um fungo que se propaga no favo e nas penas.

TRATAMENTO:

1. Utilizar água morna e pomada de enxofre para o tratamento.
2. Utilizar 5% de nitrato de prata em creme de vaselina nas partes afectadas.
3. Mais uma vez, na ausência do tratamento acima referido, utilizar a lima natural. Espremer o sumo de lima nas partes afectadas e nas costelas três vezes numa semana.

NOTA: Este fungo é infecioso para as pessoas, por isso tem cuidado. Usa luvas e lava as mãos depois.

14. CÓLERA DAS AVES: Os germes infecciosos desenvolvem-se de 2 horas a 3 dias. Em muitos casos, não se nota qualquer sinal de doença antes de as aves morrerem

subitamente. O sinal comum é uma descarga aquosa esbranquiçada do nariz, da boca e dos olhos. No momento da morte, as aves caem de lado e morrem a debater-se. Em geral, algumas aves apresentam os seguintes sinais:

1. Perda de apetite.
2. Sinta-se bem com o sabor.
3. Queda da cabeça, asas e penas da cauda a apontar para baixo.
4. Balançar de um lado para o outro (como um bêbedo).
5. Respiração rápida e curta, mas tem dificuldade em respirar.
6. A queda esbranquiçada e amarelada é comum.
7. Os excrementos são aquosos e pegajosos.

NOTA: Seja como for, as aves afectadas morrerão certamente. Na maioria das vezes, 80% a 90% das aves afectadas morrem.

MEDICINA: Furadis 25.

PREVENÇÃO: Todas as aves afectadas devem ser isoladas durante 14 dias antes de serem autorizadas a juntar-se ao grupo, caso essas aves sobrevivam.

15. GATO CONTAGIOSO:

SINAIS:

A ave afetada espirra frequentemente e respira com a boca bem aberta.

1. Muitas vezes abana a cabeça.
2. O rosto incha.
3. A doença é contagiosa para outras aves.
4. O líquido da boca e das narinas seca.

NOTA: Felizmente, esta doença não mata.

PREVENÇÃO: Aumente a sua oferta de legumes na alimentação das aves. Dar às aves couves e cenouras cruas para apanharem e comerem. Adicionar um pouco de iodo à água de beber das aves.

16. DOENÇA DE NEWCASTLE: São evidentes dois sintomas.

1. Doença respiratória. As poedeiras deixam de produzir, a produção de ovos com casca é fraca. A muda de penas e a diarreia verde são comuns.

2. Angústia nervosa com elevada mortalidade.

CAPÍTULO 17: MEDICAMENTOS E VACINAS ESTABELECIDOS PARA AS AVES DE CAPOEIRA

A lista seguinte apresenta os medicamentos estabelecidos para várias doenças.

A. COCCIDIOSE

1. Amprolium
2. Sulfatimidina
3. Suphaquinoxalina.
4. Nitroturaze.

B. BRONQUITE INFECCIOSA

1. Tylan
2. Terramicina Chick Formular.
3. Terramicina Ovo Formulario.
4. Furagalli.

C. STRESS

1. Solinster stress
2. Furagalli.

D. ANTIBIÓTICOS

1. Euraviste.
2. Terramicina Formulario para aves de capoeira.
3. Floxaid.

NOTA: Um pacote (1 saqueta) para 100 litros (22 galões) de água durante 4 a 5 dias para a cura completa e erradicação da doença. A lista que se segue apresenta novos medicamentos para as aves de capoeira:

1. AUREOMICINA: Trata-se de um medicamento para pintos de um dia. O pó solúvel de aureomicina na água de bebida destina-se a uma ampla cobertura da doença. Como avicultor, não pode permitir que uma doença atinja os seus pintos e perca lucros importantes. Os pintos de um dia necessitam da proteção precoce da clorotetraciclina Aureomycin na água de bebida no primeiro dia. Mantém as aves saudáveis e previne a

doença respiratória crónica (DRC) ou doença dos sacos aéreos. É dado o pó solúvel de Aureomicina para uma melhor eficiência alimentar e peso. O favo azul e a maior parte das infecções das aves de capoeira são tratados com Aureomicina.

2. NOVASTAT: Trata-se de um medicamento para frangos de carne. É eficaz contra todas as estirpes económicas de Coccidia. Os frangos de carne utilizam plenamente a sua alimentação e têm um melhor desempenho a um custo mais baixo. Novastat, quando combinado com 3 Nitro , Novastat ajuda a melhorá-lo. As doenças são reduzidas.

3. VACINAS POULAC: Esta vacina é boa para a doença de Newcastle, infecções de varíola aviária e bronquite. É segura para frangos de carne.

4. SPECTAM (ESPECTANOMICINA): É um antibiótico seguro que previne as doenças respiratórias crónicas (DRC) e a cólera aviária.

5. FERMACTO 500 : Utilizar Fermacto 500 ou outros aditivos semelhantes como suplemento alimentar para frangos de carne. Produz um maior ganho de peso vivo para frangos de carne e perus e uma elevada produção de ovos para poedeiras.

UMA NOTA SOBRE OS OVOS ESTALADOS

Nas gaiolas em que os ovos rachados são um problema, preste atenção à inclinação dos arames e também ao chão inclinado do galinheiro. Não são as doenças ou as aves que racham os ovos. Verifique todo o equipamento da sua exploração.

6. FURADIS 25: Este é um medicamento chinês para aves domésticas. As instruções estão escritas em língua chinesa. Trata-se de um medicamento de uso geral e um dos melhores do mercado. Previne a maior parte das doenças conhecidas nas aves de capoeira tropicais. Também cura as principais doenças agudas das aves domésticas, se for corretamente aplicado. Infelizmente, todas as instruções estão escritas em chinês.

NOTAS: FURADIS; INSTRUÇÕES DE UTILIZAÇÃO PARA A CURA

Uma colher de chá em 5 litros de água ou duas colheres de chá por 2 galões ou 10 litros de água. Para prevenção: Uma colher de chá de Furadis 25 em 10 litros de água.

CAPÍTULO 18 : APLICAÇÃO DE VACINAS PARA AVES DE CAPOEIRA

1. ARMAZENAMENTO DA VACINA: Newcastle intraocular (N.D.V.L) a 40° C.

RECONSTITUIÇÃO : Para 200 doses de Ampol , dissolver em 10 ml de solução salina. Utilizar imediatamente em água potável.

DOSE: Uma gota no olho. Utilizar um bico gotejador de 0,02 ml por dose.

IDADE: Um dia de idade.

DURAÇÃO: 30 meses.

2. ARMAZENAMENTO DA VACINA: Newcastle; 1 ano a 40 o C (N.D.V.L).

RECONSTITUIÇÃO: Para 50 e 200 doses de Ampol, dissolver em 10 ml de cloro. Água fresca para cada ave. Adicionar 2,5 ml de leite desnatado a cada litro de água. Utilizar imediatamente. (Ver semana 4).

DOSE: Dar 10 ml de água a cada ave. Deixar as aves com sede, retirando-lhes a água de beber.

IDADE: Qualquer idade, de 3 em 3 semanas.

DURAÇÃO: 6 meses.

3. ARMAZENAMENTO DA VACINA: Newcastle ; 1 ano (N.D.V.L) a 40° C.

4. RECONSTRUÇÃO: Para 50-200 doses de Ampol, dissolver em 2 ml e 8 ml de água destilada ou solução salina normal, respetivamente. Utilizar imediatamente.

DOSE: Por inoculação por punhalada na teia da asa. Duas punhaladas em cada asa.

IDADE: De preferência com mais de 3-6 semanas. Uma vacinação é suficiente. Examinar e observar as aves 7 a 10 dias após a vacinação. Fornecer água potável durante várias horas.

Para mais informações sobre o guia passo a passo para uma avicultura rentável para produção local e exportação ou fontes de empréstimos agrícolas, contactar:

INSTITUTO PHILIP NELSON DE INVESTIGAÇÃO AGRÍCOLA.

Telefone: +2348166582414, +2348140624643, +2348173175179.

Correio eletrónico: philipnelsoninstitute@yahoo.com

MIX
Papier aus verantwortungsvollen Quellen
Paper from responsible sources
FSC® C105338

Printed by Books on Demand GmbH, Norderstedt / Germany